Bibliothek des Radio-Amateurs 11. Band

Herausgegeben von **Dr. Eugen Nesper**

Der Niederfrequenz-Verstärker

Von

O. Kappelmayer

Ingenieur

Mit 36 Textabbildungen

Springer-Verlag Berlin Heidelberg GmbH 1924

ISBN 978-3-662-27662-4 ISBN 978-3-662-29152-8 (eBook)
DOI 10.1007/978-3-662-29152-8

Zur Einführung der Bibliothek des Radioamateurs.

Schon vor der Radioamateurbewegung hat es technische und sportliche Bestrebungen gegeben, die schnell in breite Volksschichten eindrangen; sie alle übertrifft heute bereits an Umfang und an Intensität die Beschäftigung mit der Radiotelephonie.

Die Gründe hierfür sind mannigfaltig. Andere technische Betätigungen erfordern nicht unerhebliche Voraussetzungen. Wer z. B. eine kleine Dampfmaschine selbst bauen will — was vor zwanzig Jahren eine Lieblingsbeschäftigung technisch begabter Schüler war — benötigt einerseits viele Werkzeuge und Einrichtungen, muß andererseits aber auch ein guter Mechaniker sein, um eine brauchbare Maschine zu erhalten. Auch der Bau von Funkeninduktoren oder Elektrisiermaschinen, gleichfalls eine Lieblingsbetätigung in früheren Jahrzehnten, erfordert manche Fabrikationseinrichtung und entsprechende Geschicklichkeit.

Die meisten dieser Schwierigkeiten entfallen bei der Beschäftigung mit einfachen Versuchen der Radiotelephonie. Schon mit manchem in jedem Haushalt vorhandenen Altgegenstand lassen sich ohne besondere Geschicklichkeit Empfangsresultate erzielen. Der Bau eines Kristalldetektorempfängers ist weder schwierig noch teuer, und bereits mit ihm erreicht man ein Ergebnis, das auf jeden Laien, der seine ersten radiotelephonischen Versuche unternimmt, gleichmäßig überwältigend wirkt: Fast frei von irdischen Entfernungen, ist er in der Lage, aus dem Raum heraus Energie in Form von Signalen, von Musik, Gesang usw. aufzunehmen.

Kaum einer, der so mit einfachen Hilfsmitteln angefangen hat, wird von der Beschäftigung mit der Radiotelephonie loskommen. Er wird versuchen, seine Kenntnisse und seine Apparatur zu verbessern, er wird immer bessere und hochwertigere Schaltungen ausprobieren, um immer vollkommener die aus dem Raum kommenden Wellen aufzunehmen und damit den Raum zu beherrschen.

Diese neuen Freunde der Technik, die „Radioamateure", haben in den meisten großzügig organisierten Ländern die Unterstützung weitvorausschauender Politiker und Staatsmänner gefunden unter dem Eindruck des universellen Gedankens, den das Wort „Radio" in allen Ländern auslöst. In anderen Ländern hat man den Radioamateur geduldet, in ganz wenigen ist er zunächst als staatsgefährlich bekämpft worden. Aber auch in diesen Ländern ist bereits abzusehen, daß er in seinen Arbeiten künftighin nicht beschränkt werden darf.

Wenn man auf der einen Seite dem Radioamateur das Recht seiner Existenz erteilt, so muß naturgemäß andererseits von ihm verlangt werden, daß er die staatliche Ordnung nicht gefährdet.

Der Radio-Amateur muß technisch und physikalisch die Materie beherrschen, muß also weitgehendst in das Verständnis von Theorie und Praxis eindringen.

Hier setzt nun neben der schon bestehenden und täglich neu aufschießenden, in ihrem Wert recht verschiedenen Buch- und Broschürenliteratur die „Bibliothek des Radioamateurs" ein. In knappen, zwanglosen und billigen Bändchen wird sie allmählich alle Spezialgebiete, die den Radioamateur angehen, von hervorragenden Fachleuten behandeln lassen. Die Koppelung der Bändchen untereinander ist extrem lose: jedes kann ohne die anderen bezogen werden, und jedes ist ohne die anderen verständlich.

Die Vorteile dieses Verfahrens liegen nach diesen Ausführungen klar zutage: Billigkeit und die Möglichkeit, die Bibliothek jederzeit auf dem Stande der Erkenntnis und Technik zu erhalten. In universeller gehaltenen Bändchen werden eingehend die theoretischen Fragen geklärt.

Kaum je zuvor haben Interessenten einen solchen Anteil an literarischen Dingen genommen, wie bei der Radioamateurbewegung. Alles, was über das Radioamateurwesen veröffentlicht wird, erfährt eine scharfe Kritik. Diese kann uns nur erwünscht sein, da wir lediglich das Bestreben haben, die Kenntnis der Radiodinge breiten Volksschichten zu vermitteln. Wir bitten daher um strenge Durchsicht und Mitteilung aller Fehler und Wünsche.

Dr. Eugen Nesper.

Vorwort.

Die Entwicklung der Rundfunktechnik hat die eigentümliche Erscheinung mit sich gebracht, daß die eigentlichen Verstärker für schwache Wechselströme, die vor kaum mehr als 10 Jahren den Aufschwung des gesamten Radiowesens im Nachrichtenverkehr eingeleitet haben, die Niederfrequenzverstärker, an Bedeutung außerordentlich verloren haben, trotzdem heute noch in der Seeschiffahrt das Einlampenaudion mit zweifach Niederfrequenzverstärker den Standard-Empfänger darstellt.

Der Grund hierfür ist sehr leicht einzusehen, wenn man bedenkt, daß gerade die Technik des Unterhaltungsrundfunks einen außerordentlichen Wert auf tonale Qualitäten der Wiedergabe legen muß und hierfür die, zunächst aus der Technik der drahtlosen Telegraphie übernommenen, Niederfrequenztransformatoren gar nicht geeignet waren. Allerdings fand die Entwicklung der Niederfrequenzverstärker für Broadcastings-Apparate eine starke Stütze in der Fernsprechzwischenverstärkertechnik, wo ebenso wie im Rundfunkwesen stark gedämpfte Übertragungsglieder zwischen den Röhren verwendet werden müssen. Der Niederfrequenzverstärker ist der einzige Apparat, mit dem Sprache und Musik wirklich verstärkt werden können. Während alle anderen Verstärkerschaltungen nur bestimmten Spezialzwecken dienen können, ist der Niederfrequenzverstärker einer der universellsten Apparate, die es in der Elektrotechnik gibt.

Man kann ihn ebensowohl zur Untersuchung der verschiedensten niederfrequent verlaufenden elektrischen Vorgänge benützen, wie zur Empfindlichkeitssteigerung von Nullmeßmethoden, zur Untersuchung mechanischer Bewegungen, ja sogar optischer und chemischer Vorgänge, wenn entsprechende Verwandlungsstationen dazwischengeschaltet werden. Andererseits leistet der Niederfrequenzverstärker überall da unentbehrliche Dienste, wo es sich um Steuerung von Lautsprechern, Relais usw. handelt. Auch der sogenannte Kraftverstärker ist nur eine bestimmte Modifikation des Niederfrequenzverstärkers. Gerade darum sollte ein Zweifachniederfrequenzverstärker in jeder Amateurstation zu finden sein. Der Bau eines solchen Apparates ist an und für sich billig und einfach. Um jedoch die höchste Leistung aus der geringsten Röhrenzahl herauszuholen, ist es notwendig, die Konstruktionsgesetze kennenzulernen, die beim Aufbau unter allen Umständen beachtet werden müssen.

Im vorliegenden Bändchen sind unter Zusammenfassung aller bisher vorliegenden Erfahrungen die wichtigsten Grundsätze zusammengestellt, nach denen ein Verstärker schwacher Wechselströme von Nieder- und Tonfrequenz aufgebaut sein muß. Die Grenzen der Arbeit liegen also bei einer Frequenz von 6—10000 und einer Energie von höchstens 50 Milliampère. Darüber hinaus würden allerdings neue Schwierigkeiten auftreten. Es empfiehlt sich jedoch, Energien, die sich in einer erheblich höheren Größenordnung bewegen, auf mechanischem Wege weiter zu verstärken, weil eine elektrische Energiesteigerung von diesem Punkte ab einen, dem Erfolg nicht entsprechenden, Energieaufwand bedeuten würde. Diese Apparate gehören jedoch bereits dem Gebiete der Relaistechnik an, während vorliegende Arbeit das Bindeglied zwischen dem eigentlichen Radiowesen und jener darstellt.

Berlin, im Oktober 1924.

Otto Kappelmayer.

Inhaltsverzeichnis.

Seite

1. Umfang des Begriffes 1
2. Die Röhre 2
3. Die Transformatoren 6
   a) Allgemeines 6
   b) Die Armierung 10
   c) Die Windungszahlen 12
   d) Baugrundsätze 16
4. Die Gittervorspannung 18
5. Der Einfluß der Röhren 21
6. Der Einröhrenverstärker 24
7. Der Zweifachverstärker 31
8. Der Dreifachverstärker 35
9. Der Zweifachverstärker mit Endverstärkung 38
10. Der Vierfachverstärker 39
11. Der Kraftverstärker 42
   a) Allgemeines 42
   b) Der transformatorisch gekoppelte Zweifachverstärker 43
12. Die Verstärker mit Widerstandskopplung 49
13. Die Energiebilanz 55
14. Die Zwischenfrequenzverstärker 59
15. Reflexempfänger 61
16. Die Grenzen des Fernempfangs 69
17. Schlußwort 72

1. Umfang des Begriffes.

Die Niederfrequenzverstärkung im Sinne vorliegender Arbeit umfaßt den Bereich von Wechselstromfrequenzen zwischen 50 und 5000 Perioden, d. h. Kreisfrequenzen zwischen 300 und 30000. In diesem Frequenzbereich verläuft sowohl jeder akustische Vorgang als auch die größte Zahl von Funkenentladungen, Summertönen, Luftstörungen usw. Um einen Begriff von der Unzahl elektrischer Vorgänge, die sich innerhalb dieser Frequenzen abspielen, zu erhalten, braucht man bloß einmal einen leitenden Stab von einigen Metern Länge in die Erde zu schlagen, und in einigen 10 m Entfernung davon einen zweiten und damit einen im Bereich dieser Frequenzen variablen Schwingungskreis aperiodisch zu koppeln. Mit diesem Schwingungskreis erregt man einen Vierfachverstärker und wird nun feststellen können, daß auf jeder Frequenz Erdgeräusche vorhanden sind. Man könnte das schönste Musikkonzert allein mit den vorhandenen elektrischen Zustandsänderungen im Erdboden herstellen. Der Funke, den die Straßenbahngleitrolle erzeugt, löst ein niederfrequent ausschwingendes Stromlinienfeld aus. Die Telegraphierströme verlaufen in diesen Frequenzen. Der Rufstrom des Telephons liegt innerhalb dieses Bereiches. Der mittlere Sprechbereich ist 500 Perioden, die Frequenz des normalen Wechselstroms für Beleuchtungs- und Kraftzwecke 50 Perioden, die Frequenz eines gewöhnlichen Summers 500 bis 1500 Perioden, die irgendeines anderen elektrischen Unterbrechers einige hundert Perioden. Die hauptsächlichsten Radiostörungen lokaler und fernelektrischer Natur, soweit sie durch atmosphärische Zustandsänderungen bedingt sind, verlaufen ebenfalls niederfrequent. Die meisten Kontaktfehler in der Lichtleitung des Hauses lösen niederfrequente Störungen aus. Der Radio-Lux-Apparat des guten Nachbars und der Hochfrequenz-Zigarrenanzünder des Geschäftsfreundes, sowie der Elektrisierapparat der alten Tante unter uns und der Unterbrecher am Röntgenapparat unseres lieben Doktors im dritten Stock lösen niederfrequent ausschwingende Kraftfelder aus. Wir sehen daraus, daß das Gebiet der niederfrequent verlaufenden elektrischen Zustandsänderungen in unserer nächsten Umgebung außerordentlich umfangreich ist, so daß man überall elektrische Niederfrequenzvorgänge beobachten kann. Die meisten Torsionsschwingungen in der Mechanik, die Stöße des dahinrollenden D-Zuges, die Tourenzahl der meisten Motoren usw. gehören in das Gebiet der mechanischen Niederfrequenzschwingungen.

Der Zweck unserer Arbeit ist, Methoden anzugeben, wie solche elektrischen Strom- und Spannungsänderungen verstärkt werden können. Ob man dann den Nachweis derselben mit einem Telephon oder irgendeinem anderen Anzeigeinstrument führt, ist dabei vollkommen gleichgültig. Es soll nur der Verstärkungsvorgang selbst von praktischen Gesichtspunkten aus erörtert werden. Wir sehen hier von den zahlreichen Methoden der Niederfrequenzverstärkung elektrischer Arbeit durch Massen-Relais vollkommen ab und behandeln nur die Verstärkung vermittels masseloser Relais (Elektronenröhren). Übrigens sind die Erfolge mit sogenannten Telephon-, Mikrophon-Verstärkern und ähnlichen Einrichtungen auch so minimal, daß diese Apparate heute gar nicht mehr praktisch interessieren.

2. Die Röhre.

Über die Röhre selbst ist in früheren Bändchen dieser Bibliothek genug geschrieben worden. Wir verweisen außerdem auf die einschlägige Fachliteratur und möchten an dieser Stelle nur auf das besonders eingehen, was die Röhre für Niederfrequenzverstärkung geeignet oder ungeeignet macht. Bekanntlich war der Verstärkungseffekt der gashaltigen Röhren in den Vorkriegsjahren außerordentlich gering. Erst durch die Einführung der Hochvakuumröhre mit drei oder mehr Elektroden ist es gelungen, mit brauchbarem Nutzeffekt praktisch niederfrequent zu verstärken. Vorbedingung für eine gute Niederfrequenzverstärkung ist eine gasfreie Röhre. Der Gasgehalt kann ohne weiteres nachgewiesen werden, indem man die Temperaturerhöhung des Glasgehäuses bei längerer Brenndauer der Röhre unter normaler Beheizung feststellt. Eine gute Röhre darf überhaupt keine Temperaturerhöhung der Glaswände, auch nach mehrstündigem Betrieb, erfahren. Schlecht entgaste Elektroden führen zu Kratzen und Nebengeräuschen bei der Verstärkung, schlechtes Vakuum zu Pfeifneigung im Verstärker. Je höher evakuiert die Röhre ist, desto besser eignet sie sich als Niederfrequenzverstärker. Die Steilheit der Röhre ist auf den Verstärkungsvorgang nur insofern besonders von Einfluß, als zu steile Röhren nur mit größter Vorsicht für Niederfrequenzverstärkung benutzt werden können. Man müßte Anoden- und Heizbatteriespannungen absolut konstant halten, wenn man Röhren mit enormer Steilheit wirklich ausnützen will. Eine Steilheit von 2 Milliampère pro Volt dürfte bei Eingitterröhren für Niederfrequenzzwecke praktisch das Optimum der Leistungsfähigkeit darstellen, bei Doppelgitterröhren entsprechend mehr. Der innere Widerstand der Röhre spielt insofern eine wesentliche Rolle, als die Transformatoren demselben leicht angepaßt werden können sollten. Im übrigen ist bei der Auswahl der Röhren natürlich darauf zu achten, welche Zwecke man verfolgt. Es wäre nutzlos, sehr steile Röhren in einem mehrstufigen Verstärker zu benutzen, wenn bereits hinter der ersten oder zweiten Stufe die Röhre durchgesteuert ist. Eine weitere Stufe könnte dann nur Verzerrungen bringen, die dadurch bedingt sind, daß der Anodenwechselstrom in der folgenden Stufe weit über den geradlinigen Teil der Charakteristik hinaus schwanken würde, wodurch eine formgetreue Verstärkung unmöglich wird. Man muß also wissen, für welche Eingangsspannung der Verstärker dimensioniert werden soll, wenn man bei einer gegebenen Röhrensorte und dadurch begrenztem Sättigungsstrom die Zahl der Verstärkerstufen feststellen will.

Genügt ein Strom von 1 bis 2 Milliampère für die beabsichtigten Zwecke nicht, so müßten eben die nächsten Stufen des Verstärkers mit Röhren ausgerüstet sein, die einen höheren Sättigungsstrom besitzen bei ungefähr derselben Steilheit der Charakteristik. Im übrigen empfiehlt es sich, immer darauf zu achten, Röhren zu benutzen, die nicht bei ihrer vollen Heizspannung am besten arbeiten, sondern etwas darunter. Die Emissionskurve des Glühfadens in bezug auf die Temperatur sollte dem angepaßt sein, daß eine Röhre, die z. B. für 3 Volt Heizspannung dimensioniert ist, bereits bei 1,8 Volt mindestens 80 % Elektronen emittiert von der Zahl, die bei 3 Volt ausgestoßen werden. Darauf achtet man im allgemeinen viel zu wenig, wodurch leider die Lebensdauer der Röhre außerordentlich herabgesetzt wird. Man müßte hier schon mehr die bewährte Rentabilitätsberechnung (Lebensdauer-Leistungsberechnungen), die von der Glühlampentechnik her bekannt ist, anwenden, um nicht zu großen Röhrenverschleiß befürchten zu müssen. Aus diesem Grunde verwendet die moderne Empfangstechnik heute den Niederfrequenzverstärker meist in Kombination mit dem Hochfrequenzverstärker derart, daß eine einzige Lampe gleichzeitig zu verschiedenen Funktionen herangezogen wird, z. B. zu Hochfrequenzverstärkung und zu Niederfrequenzverstärkung, da man sehr gut beide grundverschiedenen elektrischen Vorgänge übereinander lagern kann, ohne daß sie sich gegenseitig stören. Man schafft durch schaltungstechnische Maßnahmen einfach eine Art Weiche, wo die Hochfrequenzwege von den Niederfrequenzwegen getrennt werden. Die neuesten amerikanischen Veröffentlichungen beweisen, daß man sogar noch weiter geht und eine Lampe dreifach ausnutzt. Z. B. empfängt der Apparat der bekannten Firma „Erla“ (Duo-Reflex) mit 3 Röhren so, daß die erste Röhre hochfrequent verstärkt, während die zweite zweifach hochfrequent und einfach niederfrequent verstärkt und die dritte als reiner Niederfrequenzverstärker geschaltet ist. Das Wesen dieser Schaltung ist, daß die verstärkte Hochfrequenz aus dem Anodenkreis nochmal auf den Gitterkreis zurückgeführt wird, um dann in ihrem zweiten Ausgang aus dem Anodenkreis durch einen Detektor gleichgerichtet zu werden und zum dritten Mal als Niederfrequenz dem Gitter zur Verstärkung superponiert zu werden.

Wir werden in den folgenden Zeilen aus diesem Grunde auch den Reflex- und Duoreflexschaltungen ganz besondere Aufmerksamkeit widmen müssen.

Die dritte Art der Niederfrequenzverstärkung sind die sogenannten Kraftverstärker. Ihr Anwendungsgebiet ist beschränkt durch die Tatsache, daß die Röhren ihre größte Steilheit erst bei einer bestimmten Gitterwechselspannung erhalten. Verwenden wir also Röhren, die z. B. die höchste Leistung bei — 6 Volt Gittervorspannung und ± 4 Volt Gitterwechselspannung hergeben, so kann ein solcher Verstärker zweckmäßig erst hinter einen Empfänger geschaltet werden, wenn dieser bereits die benötigten Maximalwechselspannungsamplituden für die Steuerung des Gitters hergibt. Andererseits hat der Kraftverstärker dann aber den Vorteil, daß tatsächlich eine enorme Endlautstärke erzielt wird, wie sie für Saallautsprecher gebraucht wird. Bekanntlich benötigt ein guter Saallautsprecher mindestens 20 Milliampère durchgesteuerten Anodenstrom (1—5 Watt). Hierzu ist je nach der Charakteristik der Röhre eine Gitterwechselspannung von ± 5 bis ± 10 Volt notwendig. Eine solche Röhre, ich denke z. B. an die Siemenssche Gelr. 16a, hat eine Steilheit von 5 Milliampère, so daß damit tatsächlich eine riesige Verstärkung erreicht werden kann. Radio wäre heute in Deutschland nicht so diskreditiert, wenn die Leute, welche Saalvorführungen veranstalten, für den Betrieb eines Lautsprechers die richtige Energie benutzen würden. Meist wird aber hier an Energie gespart, und man versucht, mit gewöhnlichen Empfangsröhren auszukommen, was natürlich nicht geht. Man sagt allerdings, daß die neuen Verstärkerlampen mit Thoriumfäden 20 Milliampère Energie hergeben sollen. Bei den mir bisher zum Versuch gestellten Röhren war dies aber nicht der Fall, denn es genügt nicht, daß die Röhre an und für sich einen hohen Sättigungsstrom hat, sie müßte unter allen Umständen auch eine ihm entsprechende Steilheit besitzen. Der „Nullstrom" ist noch lange keine Kritik der Röhre für Kraftverstärker, wenn er auch für Audione ganz brauchbar ist. Andererseits gibt es aber Doppelgitterröhren, die eine so große Steilheit besitzen, daß die geringsten Veränderungen der Betriebsspannungen bereits enorme Schwankungen des Verstärkungseffektes hervorrufen. Solche Röhren sind natürlich mit Vorsicht zu gebrauchen, eignen sich jedoch unter Umständen für Kraftverstärkerzwecke ganz vorzüglich.

Die Arbeit, die wir leisten wollen, ist beim Verstärker stets die, ein möglichst günstiges Verhältnis zwischen verstärkter und unverstärkter Leistung, d. h. eine möglichst hohe Verstärkungsziffer zu erreichen. Dieses Verhältnis muß jedoch relativ gewertet werden, und zwar nach zwei Seiten:

1. Die Verstärkung soll gleichmäßig über ein Frequenzband von 50 bis 5000 Schwingungen erfolgen.

2. Sie soll möglichst ohne Nebengeräusche sein.

Um diese Bedingungen voll zu erfüllen, muß sowohl die Frage der Transformatoren als auch diejenige der Dämpfungswiderstände, der Gittervorspannung usw. genau untersucht werden. Wir müssen uns deshalb zunächst mit den Einzelteilen eines normalen Verstärkers beschäftigen und weiterhin untersuchen, inwieweit die Transformatoren durch andere Übertragungsmittel bei Niederfrequenzverstärkern ersetzt werden können. Das Anwendungsgebiet der Niederfrequenzverstärker ist nicht auf die Radiotelephonie und -Telegraphie beschränkt. Ich erinnere nur an die außerordentlich umfangreiche Anwendung der Elektronenröhrenverstärker in der Fernsprechtechnik (Gegensprechverstärker) sowie an die Verstärker in der Medizin zur Untersuchung von Herzgeräuschen, an die Verstärker, die zur Untersuchung von geologischen Schichtungen benutzt werden, an die Relaisverstärker für Unterwasserschalltechnik, Telegraphie und Flugzeugwarndienst, an die Verstärker beim sprechenden Film und bei der Fernphotographie, an die Verstärker, die zur Untersuchung von Maschinengeräuschen dienen, usw. Praktisch kann ein Niederfrequenzverstärker immer da angewandt werden, wo eine bestimmte geringe mechanische oder elektrische Wechselenergie vorhanden ist, die auf einen höheren Betrag zwecks Wahrnehmbarmachung gebracht werden soll. Außerdem kann natürlich eine mechanische Energie erstmals in elektrische verwandelt und nachher verstärkt werden. Wir werden uns jedoch in dieser Schrift auf die Verstärker für radiotelephonische Zwecke beschränken.

3. Die Transformatoren.

a) Allgemeines.

Der gebräuchlichste Niederfrequenzverstärker in der Radiotelephonie ist derjenige, der mit Transformatoren, sogenannnten Niederfrequenztransformatoren, arbeitet. Bei der raschen Ausdehnung der Anwendung der drahtlosen Telephonie zur Konzertübertragung war es begreiflich, daß eine außerordentliche Mannigfaltigkeit in der Konstruktion der Transformatoren Platz griff und die Industrie nicht immer den Gesetzen für den Bau der Niederfrequenztransformatoren folgte, die eigentlich von vornherein unbedingt beachtet werden müßten. An einen guten Transformator werden in erster Linie zwei Forderungen gestellt:

1. Es soll ein Frequenzband von 50 bis 5000 Perioden gleichmäßig verstärken.

2. Die Verluste sollen möglichst gering sein.

Die beiden Forderungen gehen konstruktionstechnisch Hand in Hand, denn jeder Transformator, der ein breites Frequenzband gleichmäßig verstärken soll, muß möglichst verlustfrei arbeiten. Wir geben in folgender Zeichnung eine technisch erreichbare und dem Ideal sehr nahe kommende Verstärkungskurve eines Transformators wieder, der von der Precise Manufacturing Corporation in New York, Chicago und San Franzisko gebaut wird. Man ersieht daraus den gleichmäßigen Verlauf der Spannung *E 1* zu *E 2* zwischen 500 und 4000 Perioden, während unter 500 Perioden die Spannung ziemlich steil abfällt. Die Verluste dieses Transformators sind auf rund 25% reduziert, wie sich aus der Kurve ergibt. Konstruktiv verläuft die Frage des Baues eines verlustfreien Transformators genau darauf hinaus, daß die Kapazität des Transformators so gering wie möglich gehalten wird.

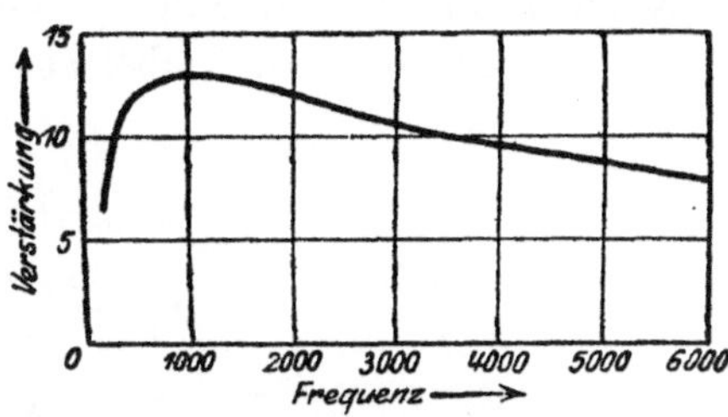

Abb. 1. Normale Frequenzabhängigkeitskurve eines Niederfrequenztransformators mit Übersetzungsverhältnis 1:5.

Nun beträgt bei normalen deutschen Transformatoren die Kapazität der Transformatorwindungen gegeneinander durchschnittlich 80 bis 100 cm, d. h. es tritt eine erhebliche Verlustziffer auf. Bekanntlich ist es schon in der Starkstromtechnik erst nach sehr langen und umfangreichen Versuchen gelungen, Transformatoren mit einem Wirkungsgrad von 97% zu bauen. Da dieselben jedoch schon außerordentlich stark belastet sind, spielen die Verluste durch Kapazität der Wicklung hier eigentlich eine sehr geringe Rolle, soweit dadurch nicht schädliche Überspannungen auftreten, die unter Umständen zu einem Durchschlagen der Sekundärwicklung führen können. In der Radiotechnik dagegen sind solche Kapazitätsverluste außerordentlich schädlich, da die Sekundärseite des Transformators ja eine zusätzliche Kapazität zur Vakuumstrecke Gitter-Kathode darstellt. Man muß also hier noch viel mehr auf möglichst kapazitätsfreie Wicklung sehen. Nun verlangt man aber auf der anderen Seite eine möglichst hohe Ampere-Windungszahl und ein hohes Verhältnis zwischen Primär- und Sekundärwicklung des Transformators. Man ist also versucht, die Leistung des Transformators dadurch zu steigern, daß man die Windungszahl sehr hoch macht. Damit wird aber wieder die Kapazität der Wicklung selbst außerordentlich vergrößert. Man muß hier einen Kompromiß schließen zwischen Transformationsmöglichkeit, Amperewindungszahl und Kapazität des Übertragers, wenn man nicht vorzieht, durch bestimmte Wicklungsmethoden, die jedoch bei der geringen Stärke des für den Verstärkertransformator verwendeten Drahtes (0,03 bis 0,07) außerordentlich schwierig anzuwenden sind, die Kapazität zu verringern. Die einfachste Methode, die Kapazität niedrig zu halten, ist diejenige, die Transformatoren in Scheiben zu wickeln. Dabei ist jedoch zu beachten, daß das In-

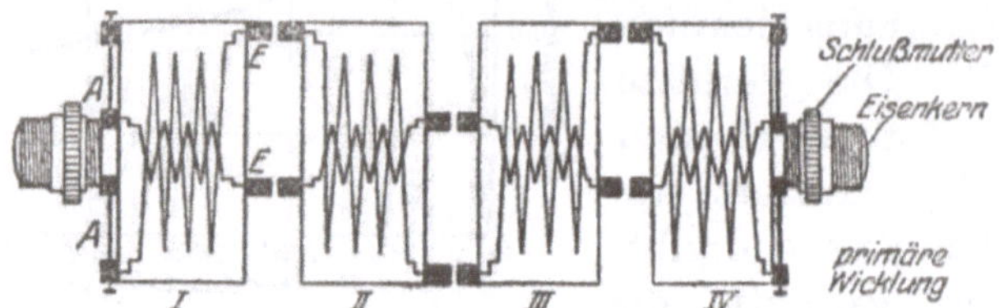

Abb. 2. Universaltransformator geringer Eigenkapazität für Laboratoriumszwecke. Mit Hartgummiachse für Hochfrequenz und mit dünnen lackisolierten Weicheisendrähten für Niederfrequenz (Entwurf Kappelmayer).

duktionsfeld um so dichter ist, je besser eisengeschlossen Primär- und Sekundärwicklung sind, d. h. je konzentrierter die Kraftlinien in den Transformatorspulen selbst verlaufen. Einen einfachen Transformator in Scheiben kann man sich nach Abb. 2 selbst herstellen. Dabei ist es interessant, Versuche anzustellen über die günstigste Anzahl der hintereinander geschalteten Scheiben resp. das günstigste Übertragungs- und Wicklungsverhältnis. Selbstverständlich ist der Wirkungsgrad eines solchen Laboratoriumstransformators nicht so hoch wie er sein könnte, wenn der Transformator so gebaut wird, wie das in der Industrie allgemein gemacht wird, daß die Sekundärwicklung einfach über der Primärwicklung liegt. Die Wicklungen der Transformatoren bestehen aus 0,05 bis 0,07 mm dickem Draht. Die Sekundärseite soll zunächst eine möglichst hohe Spannung liefern. Der innere Widerstand der Röhre zwischen Gitter und Kathode liegt in der Größenordnung von 10^7 Ohm. Soll durch den Transformator die höchste Leistung auf die Röhre übertragen werden, so muß der Wechselstromwiderstand der Se-

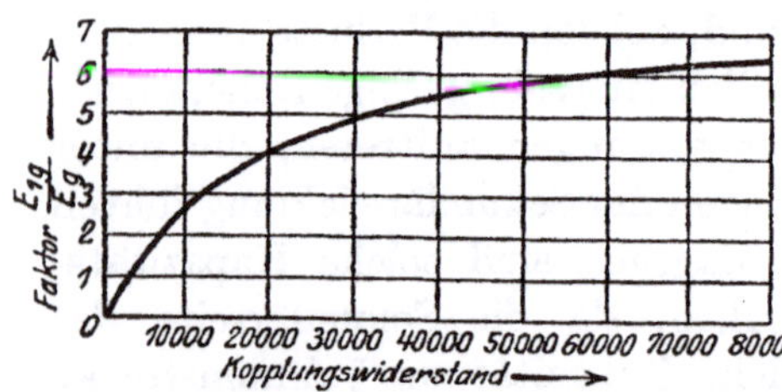

Abb. 3. Abhängigkeit der abgegebenen Leistung beim Einrohrverstärker vom Belastungswechselwiderstand auf der Anodenseite.

kundärwicklung desselben gleich dem inneren Widerstand der Röhre sein. Jedenfalls soll er nicht wesentlich tiefer als dieser liegen. Das erfordert eine sehr hohe Windungszahl und eine kapazitätsfreie Wicklung, ferner eine besonders gute Isolation des Gitterkreises. Zweckmäßig wäre es, wenn man nun die Transformatoren auf Stromresonanz abstimmen könnte. Dies ist jedoch bei der drahtlosen Telephonie nicht möglich, da ein breites Frequenzband gleichmäßig verstärkt werden muß, weil der Transformator sonst verzerrt. Kondensatoren parallel zu den Transformatorwicklungen zu schalten, sollte also zweckmäßig unterbleiben, denn es wird dadurch immer eine bestimmte Eigenschwingung besonders bevorzugt, weil der Kreis in sich niederfrequent schwingend wird. Die Eigenkapazität der Wicklung eines Transformators liegt in der Größenordnung von 80 cm, die Selbstinduktion zwischen 100 und 200 Henry, das Dämpfungsdekrement ist ungefähr 0,5. Erwünscht wäre es, dasselbe noch größer zu wählen, wodurch jedoch die Leistung bedeutend sinkt. Von der Sekundärwicklung des Transformators, die auf den Gitterkreis arbeitet, muß jede Belastung ferngehalten werden, denn ein sehr hoher Widerstand würde einen starken Spannungsabfall bedingen, der die Verstärkung erheblich herabsetzt. Der Isolationswiderstand der Transformatorwicklungen soll auf der Sekundärseite unbedingt in der Größenordnung 10 Millionen Ohm liegen. Im allgemeinen müssen die Gesetze, die für die Wicklung der Hochfrequenzdrosseln in dieser Bibliothek bereits besprochen worden sind, auch bei Niederfrequenztransformatoren angewandt werden. Leider geschieht dies nicht in dem Umfang, wie es unbedingt notwendig und wünschenswert wäre. Insbesondere wird vielfach nicht berücksichtigt, daß Niederfrequenztransformatoren in einem guten Verstärker außerordentlich empfindlich gegenüber Witterungseinflüssen usw. sind. Man sollte die in Scheiben gewickelten Transformatorspulen unbedingt im Vakuum trocknen und so einschließen, daß keine Feuchtigkeit angezogen werden kann. Die Isolation des Transformatordrahtes muß natürlich mindestens so groß sein, daß ein Durchschlagen sicher verhindert wird. Es können unter Umständen Spannungen von mehreren 100 Volt auftreten, weshalb Transformatoren mit ca. 400 Gleichstrom und mindestens 220 Volt Wechselstrom geprüft werden müssen, wobei die Spulen nicht durchschlagen dürfen. Dies bedingt eine gute Isolation der Drähte an und für sich. Meistens verwendet man doppeltseideumsponnene Drähte, was jedoch dämpfungstechnisch nicht ideal ist, da gerade doppeltseideumsponnene Drähte sehr stark dämpfen, was man leicht feststellen kann, wenn man diese Drähte in Hochfrequenztransformatoren untersucht. Die doppeltbaumwollumsponnenen Drähte solch geringer Stärken werden allerdings in der Industrie im allgemeinen nicht hergestellt und haben deshalb auch keinen Eingang in der Technik des Verstärkertransformatorbaues gefunden. Bei der Untersuchung der Isolationsfrage ist noch besonders zu beachten, daß die Anschlüsse, an welche die Wicklungsenden geführt werden, nicht einen Nebenschluß mit sich bringen. Gerade diesen Fehler kann man bei industriell gebauten Transformatoren sehr häufig feststellen. Auf die Anordnung der Klemmen und das Material der Klemmleisten ist gar keine Sorgfalt verwendet, wodurch Nebenschlüsse unvermeidlich sind. Wir haben jedoch eben gehört, daß die Isolaton mindestens 10^7 Ohm betragen muß, folglich muß auch das Klemmenbrett, auf dem die Sekundärklemmen angebracht sind, unbedingt diesen Isolationswert aufweisen. Man kann also kein synthetisches Material benutzen und geht am sichersten, wenn man richtigen Fiber verwendet. Die Klemmen müssen mindestens so großflächig ausgebildet sein, daß die Anschlußdrähte richtig daruntergeklemmt werden können. Man sollte endlich mit den Liliputklemmen in der Radiotechnik gründlich aufräumen. Ein Blick in die amerikanischen Zeitschriften belehrt uns, daß man dies drüben längst erkannt hat und die Transformatoren heute dort nach vorliegenden Gesichtspunkten herstellt. Jeder Nebenschluß bedeutet eine Belastung und damit Verringerung des Wirkungsgrades. Damit kommen wir zu einem sehr interessanten Abschnitt:

b) Die Armierung.

Wie wird eine sauber aufgebrachte, ziemlich kapazitätsfreie Wicklung nun richtig abgeschlossen, gegen Feuchtigkeit und Bruchgefahr geschützt? Der außerordentlich dünne Draht der Sekundärwicklung wird zunächst unter Zwischenlage eines isolierenden Bandes mindestens zweimal in einer Schleife vermittels dünnen Bindfadens festgebunden, der in mehreren Windungen aufgebracht wird. So erhält das Wicklungsende guten mechanischen

Halt. Hierauf wird wieder unter Zwischenlage von dünnem Band die sogenannte Endwicklung hergestellt. Das sind einige Windungen dicken Drahtes, mit dem dann das dünne sekundäre Drahtende verschweißt wird. In ganz ähnlicher Weise hat man vorzugehen, wenn man die Anfangswindung des Sekundärdrahtes herausführt. Nach Abschluß dieser Arbeit sollte die Transformatorspule zweckmäßig in Paraffin gekocht und im Vakuum getrocknet werden, damit die Windungen ganz fest aufeinander liegen und keine Feuchtigkeit mehr eindringen kann. Die „Atmung" der Spulen muß geregelt werden. Gleichzeitig wäre nun für einen guten mechanischen Schutz zu sorgen, der meist direkt in organische Verbindung mit dem Eisenkern gebracht wird. Die Frage des Transformatoreisens ist bei jeder Niederfrequenzspule die allerwichtigste. Hier wird in Deutschland noch viel gesündigt. Mir sind schon Transformatoren in die Hände gekommen, die in dieser Beziehung wirklich das reine Verbrechen waren. Eine einfache Überlegung besagt folgendes:

Das Eisen soll eine fast gleiche Verlustziffer für Frequenzen von 50 und solche von 5000 Perioden einführen. Nun ist es bekannt, daß man die Verluste durch Eisen in Mittel- und Hochfrequenzkreisen um so mehr herabdrücken kann, je feiner dasselbe unterteilt ist. Wenn wir die Spulenkerne von Dynamomaschinen auseinandernehmen, insbesondere aber solche von Hochfrequenzmaschinen, so sehen wir, wie wunderbar genau die Eisenkerne dort aufgebaut sind. Dornig verwendet z. B. für seine Hochfrequenzmaschinen lackierten Eisendraht der Stärke 0,03 mm. Die Amerikaner sind noch weiter gegangen und habendas Eisen durch Mahlen und nachheriges Pressen noch feiner unterteilt. Es gibt dort ein ganz besonderes Verfahren, nach welchem nach der Zerkleinerung die einzelnen Eisenpartikelchen gegeneinander isoliert und zum Schluß unter ungeheurem Druck wieder zusammengepreßt werden. Bei Niederfrequenztransformatoren ist die Verlustziffer durch schlechtes Eisen allerdings etwas geringer als bei Hochfrequenztransformatoren, jedoch außerordentlich wichtig. Man verwende zum Transformatorenjoch stets das dünnste Dynamoblech, dessen man habhaft werden kann, am besten ganz dünne, voneinander isolierte Blättchen aus Holzkohlenstoffeisen.

So gelangt man zur Konstruktion der sogenannten Igeltransformatoren, bei denen die ganze Transformatorspule in ein sehr dichtes Drahtbündel eingeschlossen ist. Der Eisenkern darf jedoch nicht bloß aus sehr verlustfreiem magnetischem Material hergestellt sein, das sehr fein unterteilt ist, sondern muß außerdem noch ganz besonders gut geschlossen werden. Diese Frage verursachte den Konstrukteuren sehr viel Kopfzerbrechen. Der ideale Transformator für Niederfrequenz müßte auf ein vollkommen geschlossenes Joch als Ringspule gewickelt sein. Solche Transformatoren werden in der Starkstromtechnik als Erdschlußdrosseln verwendet und sollten unbedingt eingeführt werden. Nur der sog. „Doppeljochtransformator“ ist zu empfehlen.

c) Die Windungszahlen.

Man unterscheidet prinzipiell zwei verschiedene Sorten von Transformatoren, Eingangstransformatoren, die auf das Gitter der Röhre arbeiten, und Durchgangstransformatoren, welche zwischen je zwei Röhren liegen. Von dem Gittertransformator wird verlangt, daß er eine möglichst hohe Spannung auf der Sekundärseite abgibt bei einer bestimmten Erregung der Primärseite. Rein rechnerisch käme man bei einem solchen Transformator auf ein Übersetzungsverhältnis 1 zu 20. Der Durchgangstransformator wird im allgemeinen 1 zu 3 gewählt. Die Sekundärseite beider Transformatoren arbeitet auf das Gitter der nachfolgenden Röhre, die im Idealfall zwischen Gitter und Kathode einen unendlich hohen Widerstand hat, was gleichzeitig bedeuten würde, daß die Übersetzung unendlich groß werden müßte. Hierbei ist jedoch, wie schon gesagt, die Kapazität der Wicklung hinderlich, die die Spannung wieder vermindert. Im allgemeinen rechnet man zwischen Gitter und Kathode einen Widerstand der Größenordnung 10^7 Ohm als zulässig. Man wird also bestrebt sein, möglichst viele Windungen aufzubringen und zugleich die Kapazität herabzudrücken, was durch die schon bei Funkeninduktoren bekannte Scheibenwicklung erreicht wird. Jeder Transformator, der auf der Sekundärseite mit mehr als 10^7 Ohm belastet wird, verliert an Wirksamkeit. Einfluß auf die Größe des Gitterswiderstandes hat das Gitterpotential, das Vakuum der Röhre, die Isolation der Röhre und ihrer Zuleitungen sowie die eventuellen Rückwirkungen aus dem Anodenkreis. Bei einer Verminderung des Gitterpotentials um 0,2 Volt steigt der Widerstand zwischen Gitter und Kathode bereits auf das Doppelte, weshalb auf die noch zu besprechende negative Vorspannung des Gitters ganz besonders geachtet werden muß. Wenn man nun die Stromresonanz anwenden könnte, so hätte man dadurch ja ein Mittel, mit dem geringsten Materialaufwand einen beliebigen Widerstand herzustellen. Dies ist jedoch leider bei Transformatoren für Rundfunkempfänger aus bekannten Gründen nicht möglich. Trotzdem wollen wir die Stromresonanz noch näher betrachten, die bei Telegraphieverstärkern immerhin von Bedeutung ist. Eine Ersatzschaltung des Transformators, die aus folgendem Bild hervorgeht, ergibt folgendes:

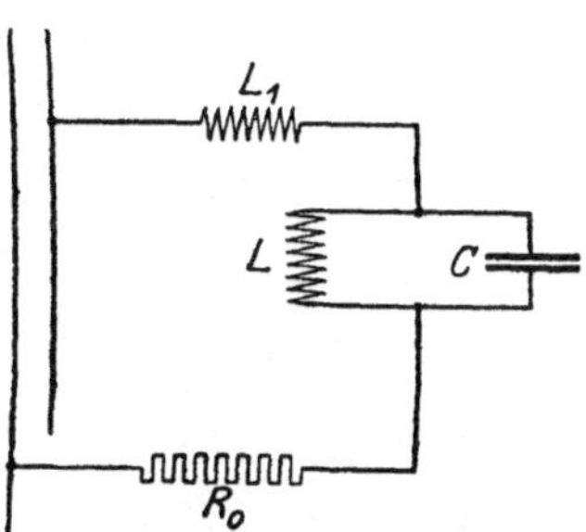

Abb. 4. Ersatzschaltung eines Transformators.

Steigert man die Frequenz des erregenden Wechselstroms von 0 ausgehend, so wird zunächst der Kreis CL in Resonanzschwingungen geraten. Wenn die Kreisfrequenz des zugeführten Wechselstroms der Gleichung $\omega = \frac{1}{\sqrt{C \cdot L}}$ folgt, so ist der Fall der Stromresonanz gegeben. Würde man nun die Frequenz noch höher treiben, so wird der Strom zum größten Teil den Kondensator durchlaufen, während die Spule allmählich stromlos wird, so daß sie schließlich bei der hohen Frequenz für die Stromführung gar nicht mehr in Betracht käme. Wir haben nun in Reihe mit dem Erzeuger einen Schwingungskreis mit der Kapazität C und der Induktivität L_0. Bei Kurzschluß des Generators über einen Spannungsteiler kann man dessen Induktivität vernachlässigen und eine zweite Resonanzlage erwarten bei $\omega = \frac{1}{\sqrt{C \cdot L_0}}$, die dann der Spannungsresonanz entsprechen würde. Die Resonanzlage eines Transformators ändert sich natürlich mit dem Anschluß an die Röhre, und zwar kann man bei Transformatoren im allgemeinen eine flache Resonanzkurve feststellen, die zwischen 1000 und 1500 Perioden liegt, je nachdem die Enden der Wicklung bezeichnet sind. Untersuchungen an verschiedenen Verstärkern ergaben folgende Kapazität zwischen den Wicklungen — wir bezeichnen die Enden mit P_0 und P_1 für die Primärspule und S_0 und S_1 für die Sekundärspule —:

$P_1 — S_0$ 300 cm, $P_0 — S_0$ 290 cm, $P_1 — S_1$ 170 cm, $P_0 — S_1$ 65 cm.

Die Kapazität gegen den Eisenkern wurde bestimmt zu 115 cm gegenüber der Primärseite und 70 cm gegenüber der Sekundärseite des Transformators. Wenn man also die Kapazität der einzelnen Enden gegeneinander und gegen den Kern mißt, kann man daraus ersehen, ob die Wicklungsenden richtig bezeichnet sind. Es muß immer die höchste Kapazität gemessen werden zwischen P_1 und S_0 und die niedrigste Kapazität zwischen P_0 und S_1. Weiterhin muß die Kapazität gegenüber dem Kern am höchsten sein bei P_0 und am niedrigsten bei S_1. Über den Wicklungssinn kann man sich ohne weiteres klar werden, wenn man nacheinander durch beide Wicklungen Gleichstrom schickt und vermittels eines Kompasses die Stromrichtungen feststellt (Dreifingerregel). Schaltet man einen ganz kleinen Kondensator parallel zur Sekundär- oder Primärwicklung eines Transformators, so wird die Resonanzlage dadurch verschoben. Dieses Hilfsmittel wird häufig benutzt, um das Pfeifen zu beseitigen, es ist jedoch darauf zu achten, daß diese Kapazität nicht zu groß wird (höchstens 300 cm), weil sonst die Wicklungen fast kurz geschlossen werden. Jeder große Kondensator wirkt ähnlich wie ein Kurzschluß der Windungen, vermindert also die Wirksamkeit des Transformators. Es ist daher notwendig, den Transformator auch noch darauf zu prüfen, ob nicht einzelne Windungen in sich kurz geschlossen sind, die dann eine erhöhte Kapazität bedeuten würden. Ganz abgesehen davon, daß natürlich der wirksame Widerstand der Wicklungen verringert wird. Solche Untersuchungen auf Kurzschlußwindungen sind jedoch bei der Höhe des Widerstandes, besonders der Sekundärwicklung, außerordentlich schwierig. Man könnte ihr Vorhandensein eigentlich nur vermittels Untersuchung der Spannungstransformation feststellen. Wenn dagegen sehr viele Windungen kurz geschlossen sind, ist es wieder einfacher, indem man einfach den Ohmschen Widerstand mit der Drahtlänge vergleicht und aus der einfachen Widerstandsberechnung unter Einsetzung des Widerstandes pro Meter vergleichend ausrechnet, ob Windungen kurz geschlossen sind oder nicht. Wenn nur eine oder zwei Windungen kurz geschlossen sind, so wird man damit nicht

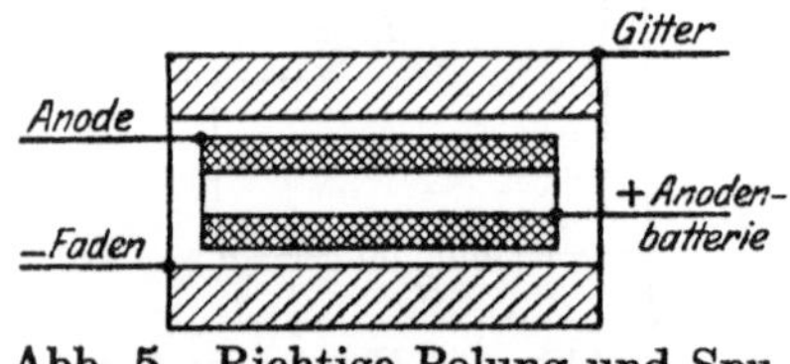

Abb. 5. Richtige Polung und Spulenlage beim Transformator.

zum Ziel kommen, dies wäre jedoch für die Wirksamkeit nicht besonders beeinträchtigend. Dagegen würde man ohne weiteres feststellen können, wenn mehr Windungen kurz geschlossen sind. Am einfachsten prüft man auf Nebenschluß oder Windungskurzschluß mit dem Kompaß.

Die Anodenrückwirkung auf den Gittertransformator ist ebenfalls von Bedeutung. Wenn im Anodenkreis ein hoher induktiver Widerstand liegt, z. B. ein zweiter Transformator, so wirkt dieser wie ein Kondensator, der die Frequenz des Gittertransformators verkleinert. Diese Belastung beträgt häufig das Doppelte der Eigenkapazität der Sekundärwicklung. Aus Berechnungen geht hervor, daß die Primärseite eines Durchgangstransformators im Anodenkreis der Röhre wie eine Kapazität von einigen 100 cm wirkt. Zuammenfassend kann man sagen:

1. Die Resonanz der Transformatoren liegt im allgemeinen zwischen 1000 und 1500 Perioden. Sie kann verschoben werden, je nachdem die Wicklungsenden angeschaltet werden (oder je nachdem welches Wicklungsende geerdet wird).

2. Die Dämpfung eines Transformators liegt im allgemeinen bei 0,5 und ist tunlichst noch darüber hinaus zu vergrößern.

3. Die Übersetzung ist nahezu gleich dem Windungsverhältnis.

4. Die Kapazität berechnet sich zu 80 cm, die Selbstinduktion zu 100 bis 150 Henry.

5. Eine Verschiebung der Eigenfrequenz durch zugeschaltete Kapazitäten ist nicht zu empfehlen, dagegen tritt sie von selbst auf, wenn die Röhre, auf die der Transformator arbeitet, im Anodenkreis belastet wird, z. B. mit der Primärwicklung des Durchgangstransformators.

6. Die Belastbarkeit eines Gittertransformators ist äußerst gering, 10 Megohm auf der Sekundärseite drücken den Eingangswiderstand bei Resonanz bereits auf die Hälfte wieder herab. Daher ist die gute Isolation und genügende negative Vorspannung unerläßlich.

7. Die praktisch erzielte Spannungserhöhung beträgt bei Durchgangstransformatoren 1 bis 2. Gute Isolation und genügende negative Vorspannung am Gitter ist stets notwendig. Da der Widerstand der Sekundärseite gegen Erregungen der Resonanzfrequenz ca. 10 Megohm beträgt, muß der negative Gitterwiderstand größer als 10 Megohm sein, da sonst Selbsterregung eintritt.

d) Baugrundsätze.

Für den Praktiker tritt nun aus diesen Überlegungen die wichtige Frage auf: Wie kann man einen guten von einem schlechten Transformator unterscheiden?

Gerade hier werden außerordentlich viel Fehler gemacht. Das Wicklungsverhältnis ist nicht so wesentlich wie man im allgemeinen glaubt, da der Transformator, wie aus obigem hervorgeht, sowieso nur bei Stromresonanz dem Widerstand der Röhre angepaßt werden kann. Man wählt in der Praxis für Eingangstransformatoren das Windungsverhältnis bis 1 zu 10, für Durchgangstransformatoren 1 zu 3. Abweichungen von der angegebenen Größe sind jedoch nicht von besonderer Bedeutung. Man kann Zweifachverstärker ruhig mit zwei Transformatoren 1 zu 5 und 1 zu 4 ausrüsten. Bei Dreifachverstärkern wird man 1 zu 7, 1 zu 5 und 1 zu 4 wählen, wobei häufig nicht einmal die umgekehrte Reihenfolge Unterschiede ergibt. Viel wichtiger als die Beachtung der Windungszahlen oder des Übersetzungsverhältnisses ist dagegen die Frage des verwandten Eisens. Wir haben aus obigem bereits den auf einen vollkommen gut geschlossenen Joch aufgewickelten Transformator als Ideal erkannt. Die Halbjoche, wie sie in Deutschland vielfach verwendet werden, sind natürlich lange nicht so wirksam wie die vollständigen Joche. Dagegen ist die Zusammensetzung dreigeteilter Joche außerordentlich schwierig und muß mit außerordentlicher Sorgfalt geschehen. Ich habe selbst Transformatoren gesehen, deren Joche ganz gut gebaut waren, bei denen aber der Fehler gemacht wurde, daß die Halteschrauben, welche die Joche zusammenpreßten, aus Eisen bestanden. Das ist natürlich Unsinn, denn bei einer größeren Zahl von Bundschrauben wird ein erheblicher Wirbelstromverlust auftreten. Joche müssen stets mit unmagnetischem Material zusammengeschraubt werden. Wenn diese Forderung auch selbstverständlich und allgemein bekannt ist, so muß sie an dieser Stelle trotzdem wiederholt werden, da die Praxis gezeigt hat, daß dagegen verstoßen wird. Eine weitere wichtige Frage ist die Zusammensetzung des Joches. Man findet Transformatoren, bei denen das Joch so schlecht zusammengesetzt ist, daß zwischen den einzelnen Lamellen erhebliche Luftzwischenräume liegen, wodurch der magnetische Widerstand ganz bedeutend steigt. Um den Einfluß dieser Luftwiderstände zu untersuchen, habe ich in einem Reflexempfänger die Verbindungsschrauben gelöst, so daß die Jochblätter auf einer Seite auseinander springen konnten. Der Erfolg war geradezu verblüffend. Der Apparat fing an zu pfeifen und zu heulen und es war nichts mit ihm anzufangen. Die Lautstärke sank um mehrere 100%. Dies entsprach vollkommen den Erwartungen und beweist, wie wichtig es ist, ein gutes Joch zu benutzen und den magnetischen Schluß vollkommen zu machen. Deshalb ist es auch sehr schwierig, einen sogenannten Igeltransformator richtig zu bauen. Die einzelnen Drähtchen müßten verbunden werden, wenn sie durch den Kern durchgesteckt sind, so daß der magnetische Schluß erreicht wird. Dies ist sehr schwierig und zeitraubend, weshalb heute von dieser Konstruktion abgesehen wird, trotzdem sie hochfrequenztechnisch erhebliche Vorteile aufweist. Heute wird im allgemeinen das feinblättrige Doppeljoch als Standard für Niederfrequenztransformatoren benutzt. Es kommt nicht auf die Menge des Eisens, sondern auf die Qualität desselben an.

Viele Rundspruchfreunde werden noch alte Transformatoren aus Heeresgutbeständen besitzen, welche in einem Weicheisen- und Kupfermantel eingeschlossen sind. Der Zweck dieser „Panzertransformatoren" war der, sie gegen äußere Einflüsse zu schützen und die magnetischen Kraftlinien der Transformatorenspulen außen zu schließen. Beides wurde nur in sehr geringem Maße erreicht, so daß man heute ruhig davon absehen kann, denn der erreichte Vorteil stand nicht im Verhältnis zu den aufgewandten Konstruktions- und Baukosten. Dagegen ist es sehr wichtig, die Einatmung des Transformators zu verhindern. Das bedeutet, daß die Spulen möglichst gut zusammengepreßt und paraffiniert, im Vakuum gekocht und getrocknet werden sollen. Wenn Feuchtigkeit eindringt, fängt der Verstärker an zu pfeifen. Unter Umständen wirkt die eingedrungene Feuchtigkeit wie ein Kurzschluß. Bei der Armierung der Transformatoren ist deshalb diesen Gesichtspunkten Rechnung zu tragen.

Zusammenfassend können wir über die äußere Form des Transformators sagen:

1. Das Joch soll aus möglichst gutem Holzkohleneisen bestehen und so fein als irgend möglich unterteilt sein.

2. Auf die Menge des Eisens kommt es nicht an, dagegen außerordentlich viel auf die Zusammensetzung des Joches, da es

keinen magnetischen Schlupf haben darf. Die Kraftlinien sollen in sich vollkommen geschlossen werden.

3. Am besten wirkt das dreiteilige Joch, bei dem die Spule in der Mitte des Eisenkernes sitzt.

4. Die Anschlüsse des Transformators müssen so kräftig sein, das gut untergeklemmt werden kann. Die Klemmen sind demgemäß nicht zu klein zu wählen. Insbesondere ist darauf zu achten, daß sie nicht zu nahe zusammensitzen. Die Klemmleiste selbst muß so gebaut sein, daß ein Übergangswiderstand von mindestens 10 Megohm gewährleistet ist. Man darf deshalb nicht beliebigen Lack verwenden, um das Aussehen des Transformators zu verschönern.

5. Die Endwicklung (Schlußwicklung) muß stets so gemacht werden, daß der Transformator nicht auseinandergehen kann und die dünnen Sekundärdrähte geschützt liegen. Wird statt Schlußwicklung nur ein mechanischer Schutz benutzt, so ist darauf zu achten, daß die letzten Wicklungen gut abgebunden sind, ohne daß durch das kräftige Abbinden Kurzschlußwindungen durch Reiben der letzten Drahtwindungen aneinander entstehen können.

6. Der Wicklungssinn der Transformatorspule, sowie Anfang und Ende ist stets gleichmäßig zu bezeichnen. Eingeführt haben sich sowohl die Bezeichnungen P_0, P_1, S_0, S_1, als auch — in Amerika — die entsprechenden Anschlüsse der Röhre, z. B. Plus P, F (—). In Deutschland sollte stets P_0 den Anfang der Primärwicklung und S_0 den Anfang der Sekundärwicklung bedeuten, wie das auch sinngemäß aus der gewählten Bezeichnung hervorgeht. Unbedingt verlassen kann man sich gegenwärtig noch nicht darauf. Die Industrie ist jedoch anzuweisen, für die richtige Bezeichnung Gewähr zu leisten, da der Zusammenbau eines Verstärkers darauf Rücksicht nehmen muß. Der Wicklungssinn kann von außen nur mit Hilfe einer Gleichstrommagnetisierung der Wicklungen und eines Stromrichtungsanzeigers (Magnetnadel nach der Dreifingerregel) festgestellt werden.

4. Die Gittervorspannung.

Wir haben bereits gehört, daß eine Gittervorspannung unter allen Umständen notwendig ist, da das Gitter nur bei genügendem negativen Potential stromlos arbeitet und eine Belastung der

Sekundärseite des Transformators beim Verstärker unbedingt vermieden muß. Es gibt drei Möglichkeiten, die Gittervorspannung zu erreichen:

1. Durch Vorschalten eines Elementes, das mit der negativen Seite nach dem Gitter und mit der positiven über den Transformator zum Heizfaden liegt. Da ein Trockenelement im allgemeinen eine sehr lange Lebensdauer hat und eine Spannung von 1,5 Volt bei normalen Verstärkerröhren als Gittervorspannung ausreichend ist, wird diese Methode sehr häufig angewandt und führt auf jeden Fall zum Ziel. Das Element wird überhaupt nicht strombelastet, wodurch es unendlich lange aushält. Im Durchschnitt rechnet man 1 Jahr.

2. Durch einen Kondensator von einigen 100 cm kann ebenfalls eine Gittervorspannung erzielt werden, da das Gitter sich bekanntlich von selbst negativ aufladt und der Kondensator das Abfließen der negativen Ladung über den Transformator verhindert. Sehr schwierig ist jedoch, die richtige Isolation des Kondensators zu finden. Wenn er vollständig isoliert, ist das Gitter abgesperrt, wodurch seine negative Ladung stets nach kurzer Zeit einen solchen Betrag erreicht, daß die Röhre abgeriegelt wird: der Verstärker arbeitet nicht mehr. Würde man nun das Gitter berühren, so würde die negative Ladung über den Körper des Berührenden abfließen. Man muß deshalb parallel zum Kondensator, stets dann, wenn seine Isolationskonstante nicht zufällig paßt, einen Widerstand schalten, dessen Größe so bemessen wird, daß die Entriegelung des Gitters rhythmisch im richtigen Zeitraum erfolgt. Dies wird einfach empirisch festgelegt. Im allgemeinen nimmt man hierzu einen Silitstab der Größenordnung 5 bis 10 Millionen Ohm. Wenn der Kondensator nicht absolut isoliert, d. h. sein Isolationswiderstand unter 10 Megohm liegt, ist der Silitstab nicht notwendig.

3. Die häufigste Methode der Gittervorspannung ist diejenige, den Spannungsabfall längs des Heizungswiderstandes zu benutzen, um das Potential des Gitters ca. 2 Volt negativer zu machen als das des negativen Glühfadenendes. Diese Methode ist nur dann brauchbar, wenn der Heizwiderstand in der negativen Leitung liegt, denn sonst bekommt man ja keinen relativen Spannungsabfall gegen minus. Wird ein fester Widerstand benutzt, z. B. ein selbstregulierender Eisenwiderstand in Wasserstoff, so kann

der Spannungsabfall desselben ebenfalls ausgenutzt werden. Unsere Bilder zeigen nun den richtigen Anschluß eines Transformators bei dieser Methode der Gittervorspannung. Da solche Konstruktionen heute allgemein angewendet werden, sind sie für unsere Betrachtung von ausschlaggebender Bedeutung. Wenn der Drehwiderstand in der Plusleitung liegt, müßte irgendeine andere negative Vorspannung zusätzlich eingeführt werden. Die Amerikaner haben noch eine weitere Methode der Gittervorspannung eingeführt, die jedoch hauptsächlich für Schwingungsaudione von Bedeutung ist. Parallel zur Heizbatterie liegt ein Potentiometer von 200 bis 400 Ohm, an dem die Vorspannung einreguliert werden kann. Wollten wir diese Methode für Niederfrequenzverstärker anwenden, so würden wir bemerken, daß die günstigste Vorspannung bei richtiger Heizung stets da ist, wo das Potentiometer am negativen Pol der Batterie liegt, d. h. für Niederfrequenzverstärker ist eine Regulierung nicht vorteilhaft. Trotzdem werden manche Rundspruchfreunde sagen, wir haben sie für gut befunden, denn wenn der Verstärker pfeift, stellen wir am Potentiometer nach und schon funktioniert er. Dann bedenken sie nicht, daß sie weiter gar nichts durch das Nachstellen bewirken, als daß sie einfach die Schwingung unterdrücken auf Kosten der Lautstärke. Ganz anders liegt der Fall bei Hochfrequenzapparaten, z. B. Schwingungsaudionen. Da ist das Potentiometer der Idealapparat, der bei uns noch viel zu wenig Beachtung gefunden hat, um aus dem Schwingen mit schönem weichem Übergang in den Bereich der günstigsten Dämpfungsreduktion hineinzukommen.

Formel zur Berechnung der Heizwiderstände.

$$\frac{V}{A} = \Omega .$$

$V = V_A - V_L$.

V = Differenz zwischen Akkumulatorspannung und normaler Röhrenspannung. Die Akkumulatorspannung muß eingesetzt werden als Höchstspannung nach der Ladung, also bei 1 Zelle = 2,7 Volt, 2 Zellen = 5,4 Volt, 3 Zellen = 8,1 Volt.

V_A = Akkumulatorhöchstspannung.

V_L = Röhrennormalspannung.

A = der auf der Röhre verzeichnete Normalstromverbrauch.

Ω = Ohmzahl des Widerstandes (kleinste zulässige Ziffer).

Beispiel 1: 3,5-Volt-Röhre, $^1/_2$ Amp., Stromverbrauch, 3 Zellen

$$\frac{V_A - V_L}{A} = \Omega \frac{8,1 - 3,5}{0,5} = \frac{4,6}{0,5} = 9,2\,\Omega .$$

Beispiel 2: 1,5-Volt-Röhre, 0,06 Amp., 1 Zelle

$$\frac{2,7 - 1,5}{0,06} = \frac{120}{6} = 20\,\Omega .$$

Beispiel 3: 1,8-Volt-Röhre, 0,15 Amp., 2 Zellen

$$\frac{5,4 - 1,8}{0,15} = \frac{36}{15} = 24\,\Omega .$$

5. Der Einfluß der Röhren.

Bei Niederfrequenzverstärkern wird meistens eine sehr wichtige Frage übersehen, nämlich die der verwendeten Röhre. Während gashaltige Röhren unter Umständen für Audione und Schwingungserzeuger recht gut geeignet sind, sind sie für Niederfrequenzverstärker überhaupt nicht zu gebrauchen. Dies kommt daher, daß namentlich bei hohen Verstärkungsgraden (mehrstufigen Verstärkern) jeder kleinste Fehler der Röhre außerordentlich stark zur Wirkung kommt. Barkhausen hat bewiesen, daß man die Verstärkung so hoch treiben kann, daß man sogar den Aufprall einzelner Elektronen feststellen kann. Grundsätzlich kommen zwei Hauptfehler in der Röhrenfabrikation vor, die sich auch bei reellster und sauberster Serienfabrikation nicht ganz vermeiden lassen:

1. Die Röhre enthält Gas.
2. Sie zeigt Glimmerscheinungen.

Mit gashaltigen Röhren kann man Niederfrequenzverstärkung nicht durchführen. Sie verhalten sich genau wie weiche Röhren in der Röntgentechnik. Die zunächst bei Niederfrequenzverstärkung sich bemerkbar machende Folge von Gasgehalt ist, daß Gitterstrom entsteht, der die Verstärkungsziffer außerordentlich herabdrückt. Andererseits wird auch die Steilheit der Röhre dadurch wesentlich beeinträchtigt und eine gewisse Inkonstanz bei längerem Betrieb hervorgerufen.

Glimmerscheinungen treten besonders dann auf, wenn die Röhre sehr stark geheizt wird. Durch das bei hoher Verstärkung auftretende Rauschen ist eine saubere Verstärkung unmöglich. Selbstverständlich müssen die sonstigen Qualitäten der Röhre (konstante Emissionstemperatur, gute Verbindungen der Elektroden mit den zugehörigen Anschlußkontakten usw.) unbedingt den normalen Anforderungen entsprechen. Die Güte einer Röhre kann man eigentlich nur im Verstärker richtig beurteilen. Im allgemeinen darf man erwarten, daß eine normale Empfangsröhre im Niederfrequenzverstärker 17mal pro Stufe verstärkt. Besonders gute Röhren verstärken bis zu 30mal pro Stufe. Außerdem muß die Röhre vollkommen geräuschfrei arbeiten und eine möglichst große Steilheit besitzen. Normale Empfangsröhren sollten eine Steilheit von mindestens $1{,}5 \cdot 10^{-4}$ Ampère (bei 1 Volt Wechselspannung) im mittleren Arbeitsbereich, der bei —2 Volt liegt, besitzen. Im übrigen soll hier gleich darauf hingewiesen werden, daß mit den neuen Thorium- und Oxydröhren Niederfrequenzverstärker nur dann gut arbeiten, wenn die Charakteristik eine möglichst lange Strecke geradlinig verläuft und außerdem die Röhre frei von Selbsttönen ist. Wenn man z. B. eine der gegenwärtig auf dem Markt befindlichen Oxydröhren R. E. 83 in einem Dreifach-Niederfrequenzverstärker verwendet, so kann man feststellen, daß bei günstigster Anodenspannung schon ein ganz leises Klopfen auf den Tisch genügt, um ein starkes Selbsttönen hervorzurufen, dessen Ursache hauptsächlich darin zu suchen ist, daß der Glühfaden erschüttert wird. Jede Kathode, die mit elektropositivem Material bestäubt ist, neigt an und für sich zu diesem Nachklingen, und es

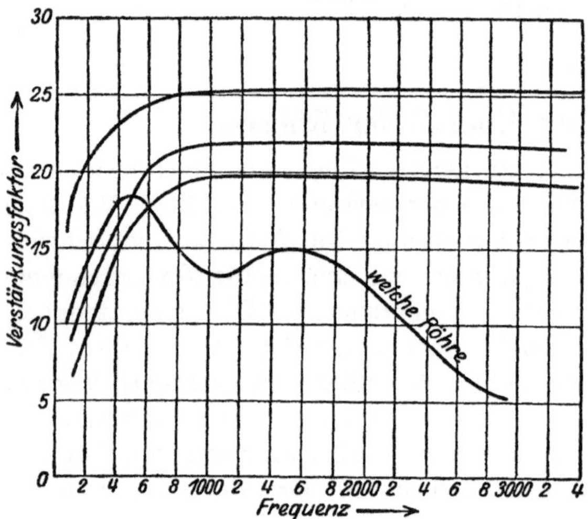

Abb. 6. Abhängigkeit der Verzerrungsfreiheit eines Einrohrniederfrequenzverstärkers von der Güte der Röhre.

bedarf noch einer wesentlichen Verbesserung der Sparlampe, bis diese Erscheinung vollkommen beseitigt ist. Bei guten Wolfram-Kathodenröhren ist eine ähnliche Stoßempfindlichkeit überhaupt nicht festzustellen. Dagegen kann man die Empfindlichkeit des Verstärkers gerade an dieser Stoßempfindlichkeit prüfen, indem man bei der Untersuchung eines Dreifachverstärkers die einzelnen Röhren mit dem Finger leicht abklopft. Die Minniwatttetroden, die von der Western-Elektric-Co. auf den Markt geworfen sind und mit 20 Milliampere Stromverbrauch bei 1 Volt Spannung arbeiten, sind für Verstärkerzwecke ebenfalls nicht besonders geeignet, weil die Steilheit der Röhre den praktischen Anforderungen, gerade im Niederfrequenzverstärker, nicht genügt. Es soll mit diesen Ausführungen nicht gesagt sein, daß eine solche Röhre für den Radioamateur überhaupt unbrauchbar ist. Man muß nur aus seinem Röhrenvorrat für Niederfrequenzverstärkung stets die geeignetsten Röhren aussuchen. Ich habe selbst mit der Minniwatttetrode einen Hochfrequenzverstärker gebaut, der außerordentlich empfindlich war und vollkommen genügende Lautstärken ergab. Sobald man aber dieselben Röhren im Niederfrequenzverstärker verwendet, der ja an und für sich einen Apparat darstellt, mit dem man schon — für die Radiotechnik — verhältnismäßig große Anfangsenergien weiter verstärken will, treten bei der Auswahl der Röhren eben andere Gesichtspunkte auf als bei der Bewertung derselben für Empfänger und Hochfrequenzverstärkerzwecke. Dies ist ohneweiteres erklärlich, wenn man bemerkt, daß jede Rückkopplung beim Niederfrequenzverstärker peinlichst vermieden werden muß, wenn man nicht zu greulichen Verzerrungen gelangen will. Bekanntlich wird in der modernen Empfangstechnik die Rückkopplung zur sogenannten Dämpfungsreduktion benützt. Für den Musikempfang kann diese Dämpfungsreduktion im Hochfrequenzverstärker oder -empfänger so weit getrieben werden, daß die Resonanzkurve ganz spitz und steil wird, ohne daß dadurch eine Verzerrung aufzutreten braucht, da ja nur die hochfrequenten Trägerwellen und nicht die modulierten Wellen verstärkt werden. Die Modulation erfolgt bekanntlich erst in der Detektorlampe. Würde man dagegen hinter dem Detektor, also beim Niederfrequenzverstärker, eine Dämpfungsreduktion einführen, so müßte dieses notwendigerweise zu einer Zusammendrückung der Resonanzkurve des Verstärkers führen, d. h. die Transformatorendämpfung, die wir eingangs zu 0,5 festgelegt haben, würde bis auf einen Betrag von 0,05 heruntergedrückt werden, wodurch die Eigenresonanz der Transformatoren außerordentlich scharf hervortreten müßte, woraus eine ungleichmäßige Verstärkung der verschiedenen Frequenzen resultiert. Man geht im Gegenteil, besonders bei Kraftverstärkern, so vor, daß man die Eigenfrequenz der Transformatoren noch durch verschiedene technische Mittel zu unterdrücken versucht, besonders dadurch, daß man dieselbe künstlich dämpft, indem man Stufenwiderstände von einigen 1000 Ohm parallel schaltet. Diese Methode hat sich sehr gut bewährt, da man durch sie die Resonanzlage der Transformatoren sehr breit machen kann.

6. Der Einröhrenverstärker.

Trotzdem der Einröhrenverstärker nur in den seltensten Fällen Anwendung findet, müssen wir ihn hier, als den einfachsten aller Verstärker, besprechen. Der Aufbau des Apparates ergibt sich aus nebenstehendem Schaltbild. Der Eingangstransformator wird gewöhnlich mit einem Übersetzungsverhältnis von 1 zu 10 bis 1 zu 5 gewählt. Zweckmäßig nimmt man ein ziemlich hohes Übersetzungsverhältnis, da ja die Spannung dadurch auf größere Beträge gebracht werden kann. Bei Radiotelephonie jedoch geht man über 1 : 5 aus ästhetischen Gründen nicht hinaus. Selbstverständlich ist Bedingung, daß die Kapazität auf der Sekundärseite nicht zu groß wird. Man macht häufig die Erfahrung, daß bei Einlampenverstärkern mit 1 zu 5 bessere Resultate erzielt werden, als mit Transformatoren 1 zu 10. Dies ist jedoch ein Trugschluß, denn der Fehler liegt dann im Transformator, der eben bei der hohen Zahl der Sekundärwindungen, wenn das Verhältnis 1 zu 10 gewählt wird, dann zuviel Kapazität aufweist, die schädlich wirkt. Wie man die Anschlüsse polen muß, geht aus Fig. 5 hervor. Wir wollen grundsätzlich dieses Bild für die Polung der Transforma-

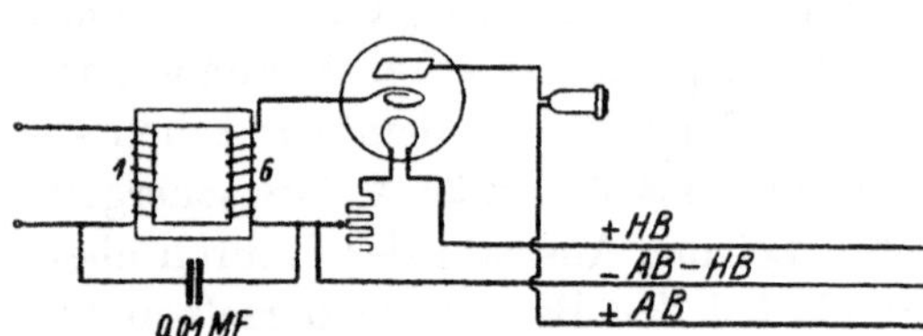

Abb. 6a. Einrohrnormalverstärker.

toren festhalten und dieselbe in unseren folgenden Schaltbildern aus diesem Grunde nicht mehr angeben. Es muß immer auf diese Polung geachtet werden. Voraussetzung ist natürlich, daß der Transformator in sich richtig gepolt ist, was bekanntlich nicht immer als bestimmt vorausgesetzt werden darf. Wir gaben im ersten Bild eine Resonanzkurve eines normalen Transformators für Einlampenapparate. Aus dieser Kurve kann man sehr schön die Gleichmäßigkeit der Übertragung ersehen. Sie bezieht sich auf einen Transformator des Übersetzungsverhältnisses 1 zu $4^1/_2$ und kann ohne weiteres auch für höhere Übersetzungen entsprechend übertragen werden. Die Frage des freien Endes der Sekundärwicklung des Transformators deckt sich mit unseren Ausführungen über das Gitterpotential. Grundsätzlich muß man bei Verstärkern darauf achten, daß die negative Vorspannung mindestens 1,5 Volt beträgt. Bei unserer Schaltung haben wir zur Erreichung derselben den üblichen Weg gewählt, daß der Widerstand als Vermittler dieser Vorspannung dient, der im Minus der Glühfadenleitung liegt. Hier ist jedoch noch eine, in der Industrie viel zu wenig beachtete Schwierigkeit nicht zu übersehen:

Wir nehmen als Beispiel eine normale Röhre, die mit 3,5 Volt Heizspannung ihre maximale Emission zeigt. Nun benutzen wir einen Widerstand von 15 Ohm, $^1/_2$ Ampere und schalten denselben in unsere Heizleitung, wobei wir Akkumulatoren von 6 Volt voraussetzen. Hierauf messen wir die Verstärkung und bemerken, daß der Widerstand vollkommen eingeschaltet werden kann und erst bei fast allen Windungen der Widerstandsspule die 3,5 Volt, d. h. die günstigste Emissionstemperatur erreicht wird. Der Spannungsabfall längs des Widerstandes beträgt also 6 — 3,5 = 2,5 Volt. Dies kann unter Umständen schon zu viel sein, wenn die Röhre bei $1^1/_2$ Volt ihre günstigste Vorspannung zeigt. In diesem Falle wäre der Anschluß an den negativen Pol des Akkumulators nicht der günstigste, wir müßten in den + -Pol noch einen festen Zusatzwiderstand einschalten, weil die Vorspannung durch Ausnutzung des Spannungsabfalles in der negativen Heizleitung eben zu groß wird. Nun nehmen wir in demselben Fall einen Akkumulator mit 4 Volt. Diesmal können wir nur sehr wenige Windungen des Drehwiderstandes einschalten und erhalten infolgedessen eine negative Vorspannung von — $^1/_2$ Volt bei gleicher Heizung wie vorher. Diese Vorspannung wird wahrscheinlich zu gering sein, um eine gute Arbeit der Röhre zu gewährleisten. Die günstigste Heizspannung, d. h. Emissionstemperatur der Röhre wird meistens bei brennender Röhre direkt an den beiden Fadenenden gemessen. Wir sehen aus diesem einfachen Beispiel, wie kompliziert schon allein in bezug auf die Gittervorspannung der Anschluß dieses einen Drahtendes ist. Nun denken wir uns aber noch in beiden oben angezogenen Fällen eine variable Anodenspannung! Wir wissen aus der Charakteristik, daß die Röhre bei 100 Volt Anodenspannung z. B. am steilsten ist. Diese Anodenspannung, die wir vorher als konstant vorausgesetzt haben, wird jetzt geändert, und zwar wollen wir sie zunächst auf 60 Volt verringern. Der Erfolg unserer Herabsetzung der Anodenspannung ist der, wie wir ihn auch aus der Charakteristik erwarten mußten, daß die Kurve nach rechts, d. h. in den positiven Bereich verrutscht. In diesem Falle müßten wir natürlich eine um diese Rechtsverschiebung vergrößerte negative Vorspannung benutzen, d. h. bei 60 Volt Anodenspannung müßten wir bei derselben Röhre mit dem 6-Volt-Akkumulator und unserm 15-Ohm-Widerstand bessere Resultate erzielen als bei 100 Volt Anodenspannung. Je höher wir nun die Anodenspannung machen, desto weniger negative Vorspannung des Gitters ist nötig, so daß wir in unserem eben beschriebenen Fall 2 z. B. eine glänzende Verstärkung erzielen könnten — unter Voraussetzung des 4-Volt-Akkumulators — wenn die Anodenspannung 120 oder 130 Volt wäre. Es ist immer so, daß eine Verschiebung der Anodenstromkurve nach rechts oder links durch die geänderte Anodenspannung eine Veränderung des günstigsten Gitterpotentials bedingt. Der Leser des Buches ersieht aus diesem Beispiel, wie schwierig es ist, diese ganz einfache Frage konstruktiv richtig zu lösen. Ich möchte jedoch noch besonders darauf hinweisen, daß der Wirkungsgrad von Verstärkern außerordentlich stark durch solche Verschiebungen beeinträchtigt wird. Wenn wir rein theoretisch vorgehen, kämen wir zu einer Konstruktion, wie sie tatsächlich früher bei Verstärkern ausgeführt wurde: statt des heute allgemein verwendeten Drehwiderstandes wird ein fester Eisenwiderstand in wasserstoffgefüllter Glasröhre verwendet, und die günstigste Gittervorspannung bei einer gegebenen Röhre an einem Potentiometer fest abgegriffen. Dieses Potentiometer ist meist der Vorschaltwiderstand selbst und evtl. ein zweiter zusätzlicher Widerstand. Arbeiten nach diesem Prinzip gebaute Verstärker zwar theoretisch optimal, so sieht die Sache in der Praxis doch ganz anders aus. Das optimale Arbeiten kann nur bei einer einzigen Röhre wirklich eintreten. Sobald man eine andere Röhre benutzt, wird die Verstärkung unbedingt sinken, indem die relative Gittervorspannung sich nach Plus oder Minus um kleinste Teilbeträge verschiebt. Das ist sehr unangenehm, weshalb man früher bei diesen Verstärkern die Röhren durch Bändchen und Farben ganz besonders zu ihren Eisenwiderständen abpaßte (oder umgekehrt). Die Praxis hat jedoch gezeigt, daß dieses Verfahren zwar recht kostspielig und kompliziert ist, aber sonst außerordentlich wenig Wert hatte, denn gewöhnlich, wenn man eine Röhre auswechselte, war der zugehörige Wasserstoffwiderstand zufällig nicht vorhanden oder die Röhre selbst brannte durch und der Wasserstoffwiderstand blieb übrig, so daß sich bei längerem Betrieb eine ganze Serie von solchen Vorschaltwiderständen ansammelte. Oder der Wasserstoffwiderstand brannte durch und die Röhre blieb ganz. Immer gab es Verwechslungen und nie arbeiteten die Verstärker im günstigsten Bereich, weil man ja weder die Heizung noch die Gittervorspannung irgendwie einregulieren konnte.

Aus diesen Betrachtungen geht hervor, daß die industrielle Lösung dieses Problems eigentlich recht schwierig ist. Ich habe bisher in meiner Praxis auch immer gefunden, daß eigentlich der Verstärker am besten arbeitete, bei dem ein konstantes Vorspannungselement benutzt wurde und die Heizung unabhängig davon auf den günstigsten Betrag einreguliert werden konnte, außerdem die Anodenspannung in gewissen Grenzen veränderlich war. Würde man ganz gleichmäßige Röhren bauen können, wäre die Lösung sehr einfach, hätte aber trotzdem auch nur dann absolute Gültigkeit, wenn die Spannung gleichmäßig wäre. Nun geht aber bei einem Rundspruchfreund während des Empfangs der Akkumulator herunter. Die Heizung wird nachreguliert, bis die Röhren wieder genügend hell brennen und der Empfang wieder die alte Stärke erreicht hat. Der Heizwiderstand ist also aus der Überlegung heraus allgemein ausgeführt worden, daß man die günstigste Emissionstemperatur des Fadens bei verschiedenen Röhren und Betriebsspannungen an einem Apparat leicht einstellen kann.

Ob dann die Gittervorspannung geändert wird oder nicht, hat man sich fast nie überlegt. Ich habe allerdings amerikanische

Verstärker gefunden, bei denen die Gittervorspannung am Drehwiderstand selbst abgegriffen wurde. Ideal ist diese Lösung nur so lange, als die Heizbatterie tatsächlich $5^1/_2$ bis 6 Volt zeigt, resp. rund 4 Volt, je nachdem eben Apparat und Röhre dimensioniert sind. Wenn natürlich die Heizbatteriespannung sinkt, verändert sich die Gittervorspannung, und die Kurve verschiebt sich. Ich habe diese Verhältnisse nicht aus dem Grunde so eingehend erläutert, um dem Rundspruchfreund Sorgen beim Bau des Niederfrequenzverstärkers zu machen, sondern hauptsächlich deshalb, damit er bei industriell gebauten Verstärkern die Qualität des Apparates einigermaßen beurteilen kann, und aus dem zweiten Grunde, um der jungen Industrie zu zeigen, daß hier ein tatsächlich noch ungelöstes Problem liegt.

Gute Verstärkerröhren besitzen allerdings über einen verhältnismäßig großen Teil ihrer Charakteristik einen gleichmäßigen Verstärkungsgrad. Die Charakteristik verläuft zu 90 % der Gesamtkurve geradlinig. Deshalb ist die Gittervorspannung in der Praxis nicht so allein ausschlaggebend für den Verstärkungsgrad, wie es theoretisch scheint. Daß ihre Änderung gar keinen Einfluß auf die Verstärkung ausübt, wird niemand behaupten können. Je mehr gerade diese kleinen Einflüsse auf den Gütegrad des Verstärkers bei der Konstruktion desselben beachtet werden, desto besser wird der Apparat funktionieren. Wie wir später hören werden, findet man tatsächlich in der Praxis Zweifachverstärker, die kaum 100mal verstärken, und solche, die fast 1000fach verstärken, d. h. man kann sehr gut bei sauberer Konstruktion des Zweifachverstärkers dieselbe Güte erreichen wie beim Dreifachverstärker, wenn er nach den hier gegebenen technischen Voraussetzungen zusammengebaut ist.

Neben der richtigen Gittervorspannung ist noch die Frage der Verzerrungsfreiheit des Apparates zu berücksichtigen. Da nach unserer Schaulinie gute Transformatoren jedoch an und für sich ein Frequenzband von einigen 1000 Perioden im Hörbarkeitsbereich gleichmäßig verstärken, braucht man hier nicht zu ängstlich zu sein. Ein guter Transformator verzerrt so wenig, daß das im praktischen Betriebe kaum bemerkt wird. Ungünstig könnte nur ein Moment mitspielen: wenn zufällig der Transformator dieselbe Resonanzlage hätte wie das Telephon, wodurch sozusagen eine doppelte Resonanzauslese geschaffen wird, so daß eben diejenigen Töne, welche im Bereich der Resonanz liegen, bedeutend stärker hervortreten als das dem Klangbild entsprechend sein dürfte.

Mit dieser Überlegung kommen wir zum Telephon-Blockkondensator im Ausgangskreis des Verstärkers. Hier sollte man eigentlich nicht sparen. Ein Blockkondensator der Größenordnunn 500 bis 2000 cm kostet 50 Pf. bis 1 M. und bringt erhebliche Vorteile. Wenn man ein Musikstück über einen Verstärker aufnimmt, so hört man manchmal, daß einzelne Töne ganz scharfe Spitzen der Tonkurve aufweisen, die dem Klang einen merkwürdigen, wir sagen musikalisch spitzen, Charakter geben. Ein Ton klingt rund oder weich, wenn die Tonkurven oben und unten abgerundet sind. Unser Einröhrenverstärker gibt nun unter Umständen auch einen spitzen Ton, den man ohne weiteres beseitigen kann, wenn man parallel zum Ausgangstelephon einen Blockkondensator der angegebenen Größenordnung schaltet. Die Musik wird dadurch weicher und angenehmer. Die Resonanzlage des Telephons wird verbreitert (natürlich nicht diejenige der Membrane). Ob man einen Ausgangstransformator beim Niederfrequenzverstärker verwendet oder nicht, hängt nur von der Beurteilung des Gefahrmomentes ab, daß man evtl. die hohe Spannung vom Telephonhörer selbst abhält. Da jedoch unsere normale Verstärkerröhre nur mit einigen 10 Volt Anodenspannung betrieben werden kann, braucht man diesen Punkt nicht zu beachten. Der elektrische Wert eines Ausgangstransformators ist viel umstritten. Praktische Versuche ergeben, daß der Ausgangstransformator ohne weiteres gespart werden kann. Er würde nur dann eine wesentliche Lautstärkenerhöhung mit sich bringen, wenn seine Sekundärseite, die im Anodenkreis liegt, tatsächlich dem Röhrenwiderstand angepaßt wäre und die Primärseite dem des verwandten Indikators. Das würde nach unseren obigen Ausführungen aber auch nur auf ganz bestimmte Röhren zutreffen, so daß uns damit nicht gedient ist. Es genügt vollkommen, wenn das Telephon direkt als Ausgangswiderstand dient und ein Kondensator parallel geschaltet wird. Werden zwei oder mehrere Telephone benutzt, so müßte man dieselben hintereinander schalten. Die Grenze liegt hier je nach der verwendeten Röhre bei drei bis vier Telephonen. Mehr als vier Telephone sollte man im Ausgangskreis der Röhre nie hintereinander schalten, weil die Röhre sonst zu sehr belastet wird und dann pfeift. Sie verhält sich hier wie ein lebendes Wesen, das man überanstrengt und das dann aufschreit. Zwei bis drei Telephone kann man jedoch ruhig hintereinander schalten. Dabei bringt der Blockkondensator noch den Vorteil, daß er gleichzeitig als Hochfrequenzweg über die Anodenbatterie dient, wodurch das Pfeifen verhindert wird, wenn diese einen zu hohen inneren Widerstand aufweist, was bei alten Batterien sehr häufig der Fall ist.

Bei sehr empfindlichen Einröhrenverstärkern ist nun noch zu beachten, daß zwischen Ein- und Ausgangskreis des Apparates keine wilde Rückkopplung entsteht. Sie wird bei einigermaßen sauberem Aufbau des Verstärkers von selbst nicht auftreten. Anders liegt die Sache jedoch bei Mehrfachverstärkern, wo diese Frage schon an Bedeutung gewinnt. Wir finden nun sehr häufig beim Eingangstransformator zwei Enden verbunden, und zwar ein Primär- und ein Sekundärspulenende. Diese beiden Enden sind dann meist an den Minuspol der Batterie angelegt oder geerdet. Das ist eine sehr einfache Methode, um das Pfeifen des Transformators zu verhindern und eine gute Lautstärke des Verstärkers zu erzielen. Praktisch hat sie jedoch den großen Nachteil, daß der Verstärker nicht ohne weiteres an jeden beliebigen Röhrenempfänger ohne Ausgangstransformator geschaltet werden kann. Denn, denken wir uns an die Eingangsklemmen des Verstärkers die Strecke Anode—Anodenbatterie eines vorgeschalteten Empfängers gelegt, und die Kurzschlußverbindung zwischen Primär- und Sekundärspule des Transformators vorhanden! Sofort werden wir bemerken, daß bei Verwendung derselben Batterien, die praktisch immer der Fall ist, die hohe Anodenspannung sowohl an das Gitter der Röhre gelangt als auch zum Minus des Akkumulators. Ein kräftiger Funke zeigt uns an, daß etwas verkehrt gemacht wurde. Nehmen wir diese Kurzschlußverbindung heraus, ist der Verstärker ohne weiteres an jeden beliebigen Apparat anzuschließen. Wenn wir solche Einröhrenverstärker nur zum Anschluß an Detektorempfänger verwenden, schaden die Kurzschlußverbindungen nicht. Da kann man sie also ruhig belassen, denn sie bringen erhebliche Vorteile. Ich habe nun an den von mir gebauten Verstärkern obigem Umstand dadurch Rechnung getragen, daß ich die Kurzschlußverbindung durch einen Kondensator von 1000 bis 10000 cm Kapazität ersetzte. Die günstige Einwirkung der Kurzschlußverbindung auf den Verstärker selbst trat auch bei dieser Methode ein, und der Apparat konnte ohne weiteres wieder an jede beliebige Röhrenempfangsapparatur angeschlossen werden. Diese Methode kann ich jedem Rundfunkfreunde empfehlen, der sich einen Verstärker selbst zusammenbaut. Er wird finden, daß der Verstärker dann alle Vorteile des Apparates mit Kurzschlußverbindung zeigt, ohne dessen Nachteile zu teilen. Bei Kraftverstärkern ist sie besonders wichtig. Ich möchte noch an dieser Stelle darauf aufmerksam machen, daß man bei Verstärkern, die pfeifen, die Transformatorenkerne erden kann oder statt dessen an Minus legt. Eigentlich sollte ein Verstärker mit gutem Transformatoreisen dieser Erdung nicht bedürfen. Sie bietet jedoch besonders bei komplizierten Verstärkern unter Umständen erhebliche Vorteile.

7. Der Zweifachverstärker.

Trotzdem der Einröhrenverstärker sehr wenig Verwendung findet, haben wir ihn besprochen, weil die Verhältnisse an diesem einfachsten Apparat am übersichtlichsten zu erklären sind. Ich empfehle keinem Rundspruchfreund, der einen Detektorempfänger hat, sich einen Einlampenverstärker zu bauen, denn die erzielte Verstärkung, die im Höchstfalle das 20fache der Anfangsenergie beträgt, ist akustisch kaum ins Gewicht fallend. Bekanntlich schwankt die akustische Energie eines Orchesters zwischen 1 und 50000, ohne daß unser Ohr durch diese ungeheuren dynamischen Differenzen überschrieen wird. Wenn wir daran denken, werden wir verstehen, daß eine 10 bis 20fache Verstärkung akustisch kaum ins Gewicht fällt. Hört man zu leise mit seinem Detektorempfänger, dann sollte man unbedingt einen Zweifachverstärker benutzen. Bei Zweifachverstärkern hat man mindestens eine 200 bis 500fache Energieverstärkung zu erwarten, ein Betrag, der als Lautstärkenerhöhung schon ganz erheblich wiegt. Unser Ohr ist eben für klanglich dynamische Unterschiede ziemlich unempfindlich. Die absoluten Klangverstärkungsunterschiede müssen schon recht groß sein, bis wir überhaupt etwas davon merken.

Der Zweifachverstärker ist der Apparat, der jedem Rundfunkfreunde auf das wärmste empfohlen werden kann. Sein Anwendungsgebiet ist deshalb auch das umfangreichste. Ich erinnere nur daran, daß die ganzen Fernsprechzwischenverstärker zweistufig ausgebildet sind. Dabei sind die Kosten gegenüber dem

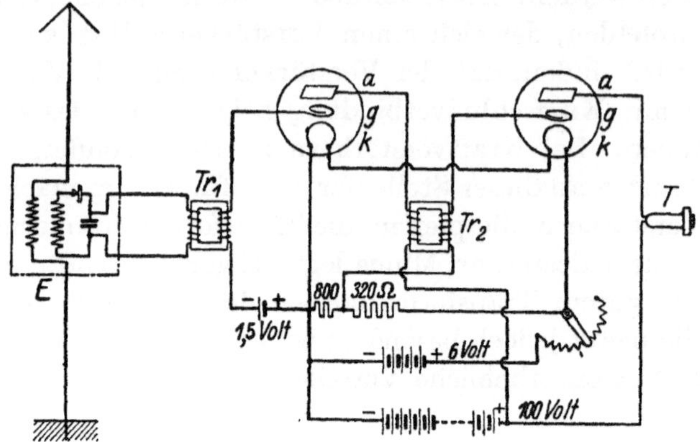

Abb. 7. Telefunkennormalverstärker in Sparschaltung zum Anschluß an Detektorempfänger.

Einlampenverstärker gar nicht wesentlich größer. Die Kosten eines Einlampenverstärkers stellen sich nach den heutigen Preisen ungefähr folgendermaßen:

1 Röhre	Mark	7,—
1 Transformator	„	7,—
2 Blockkondensatoren à 1 M. . . .	„	2,—
1 Akkumulator	„	20,—
1 Anodenbatterie	„	5,—
1 Lampensockel	„	1,—
1 Drehwiderstand	„	1,—
7 Klemmen à 30 Pf.	„	2,10
i. Sa.	Mark	45,10.

Der Zweiröhrenverstärker kostet in demselben Verhältnis mehr:

1 Röhre	Mark	7,—
1 Röhrensockel	„	1,—
	Mark	8,—.

Man braucht in diesem Fall natürlich nicht nochmals einen Drehwiderstand, denn man kann beide Röhren und die Gittervorspannung an e i n e m Widerstand g e m e i n s a m regulieren. Wenn man jedoch einen zweiten Drehwiderstand verwenden will, so empfiehlt es sich, denselben genau nach dem folgenden Schaltbild (Abb. 9) zu schalten, denn man muß darauf Rücksicht nehmen, daß die Gittervorspannung durch diesen zweiten Widerstand ebenfalls mit einreguliert werden kann. Ich muß darauf aufmerksam machen, daß die Heizleitungen viel zu wenig berücksichtigt werden. Der normale Amateur glaubt auf Grund einer Überlegung, die aus

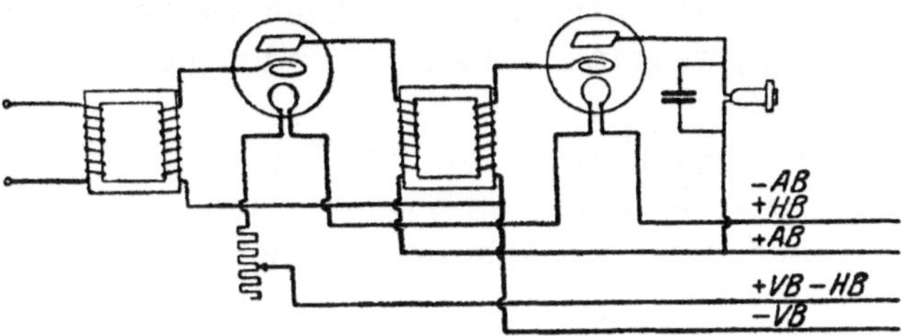

Abb. 8. Einfacher Zweirohrverstärker mit Vorspannungsbatterie in Sparschaltung der Röhren.

der Starkstromtechnik entlehnt ist, daß es ganz egal ist, ob die Lampe von links nach rechts oder von rechts nach links geheizt wird, ob der Heizwiderstand im Plus oder Minus liegt. Die erste Überlegung ist falsch. Verstärkerröhren geben immer verschiedene Leistungen her, je nachdem der Glühfaden gepolt ist. Unbedingt

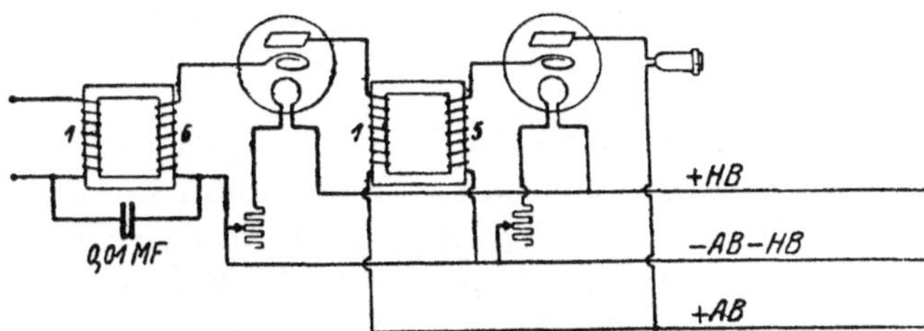

Abb. 9. Zweifachverstärker mit durch den Heizwiderstand regelbarer negativer Gittervorspannung.

ist beim Mehrverstärker der Grundsatz zu beachten, daß alle Lampen nach der gleichen Richtung geheizt werden und nicht die eine rechts und die andere links herum (wenn man nicht überhaupt vorzieht, die sogenannte Sparschaltung zu verwenden, wo mehrere Röhren hintereinander geheizt werden, jedoch eine eigene Gittervorspannung unerläßlich ist und einige Akkumulatorzellen mehr gebraucht werden). Will man es ganz richtig machen, nimmt man bei den zu verwendenden Lampen bei normaler Anodenspannung zwei oder drei Punkte der Charakteristik auf und polt den Heizfaden dann so, wie der größte Sättigungsstrom erreicht wird. Das wird übrigens auch an den ideal gebauten Verstärkern meistens übersehen. Der Unterschied ist immerhin 5 bis 20 %, je nach der Länge des Glühfadens respektive Art der verwendeten Röhre. Man wird mir entgegnen, das sollte nicht sein. Es ist aber in Wirklichkeit so und wir müssen konstruktiv dem Rechnung tragen, was praktisch vorliegt und nicht dem, was theoretisch sein sollte.

Unser Schaltungsschema gibt den Typus des Zweilampenverstärkers wieder, der allgemein Eingang gefunden hat. Ich habe zur Vervollständigung der Anordnung gleich eine einfache Me-

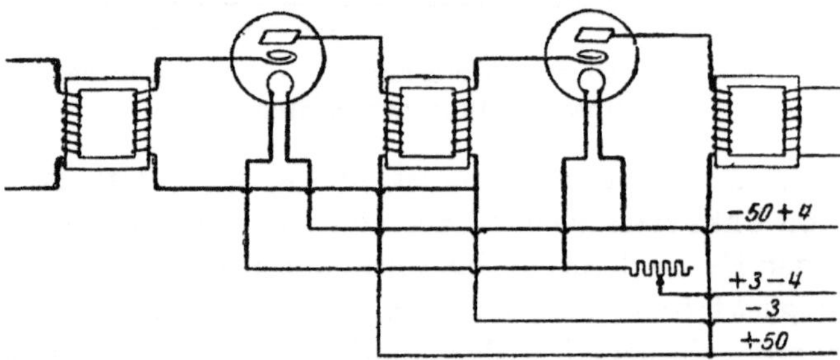

Abb. 10. Zweirohrverstärker mit Ausgangstransformator und eigener Vorspannungsbatterie.

thode eingezeichnet, wie man den Verstärker gleichzeitig als Ein- und Zweilampenverstärker schalten kann; denn im Prinzip des Rundfunks für Deutschland liegt begründet, daß wir immer dahin streben müssen, die Betriebskosten auf ein Minimum herabzudrücken, daß man eine der Lampen dann ausschaltet, wenn mit weniger Lampen ausreichende Lautstärke erzielt wird. Hoffentlich werden wir auch in Deutschland sehr bald für billiges Geld die sogenannten „Plugs" kaufen können, die als Zwischenschalter für Röhrenstufen direkt ideal sind. Man könnte sich einen solchen Plug auch aus jedem Kellogschalter zusammenbauen, wenn man die Federn entsprechend gruppiert. Aus der Zeichnung geht dies eindeutig hervor. Im allgemeinen wird man beim Zweifachverstärker Transformatoren 1 zu 10 und 1 zu 5 wählen. Recht gute Erfolge erzielt man auch mit 1 zu 5 und 1 zu 4. Für den Ausgangstransformator gilt das oben Gesagte. Ebenso für die Polung der Transformatoren selbst. Wenn der Verstärker pfeift, kann man eine zusätzliche Rückkopplung zwischen Ein- und Ausgang einschalten, die die Phase der wilden Rückkopplung verschiebt. Diese zusätzliche Rückkopplung besteht in einem Blockkondensator von 1000 bis 3000 cm, den wir zwischen Ein- und Ausgang des Verstärkers legen. Die Polung ergibt sich durch den Versuch. Es ist jedoch zu berücksichtigen, daß der Transformator nicht

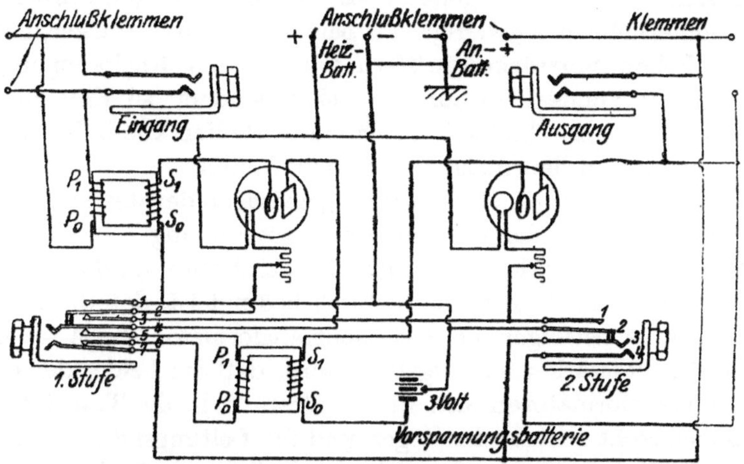

Abb. 11. Zweirohrnormalverstärker mit Vorspannungsbatterie und abschaltbarer Sekundärstufe nach amerikanischem Muster.

belastet werden darf. Nicht, was man vielfach versucht ist zu tun, den Transformator einfach auf der Sekundär- oder Primärseite mit einer parallel geschalteten Kapazität shunten! Diese wirkt von einer bestimmten Größe ab wie ein Kurzschluß der Wicklung, der unter Umständen die ganze Lautstärke vernichten kann.

8. Der Dreifachverstärker.

Recht interessante Versuche kann man mit dem Dreifachverstärker anstellen. Wenn wir voraussetzen, daß jede Röhre 15mal verstärkt, so hätten wir beim Dreifachverstärker eine Verstärkung vom 3400fachen der Eingangslautstärke. Diese Größe läßt sich praktisch auch sehr leicht erreichen. Der Dreifachverstärker kann jedoch nicht ohne weiteres für Rundspruchzwecke empfohlen werden, da drei Transformatoren verwendet werden, wodurch eine dreifache Resonanzauslese eingeführt wird, die schon ganz merkliche Verzerrungen mit sich bringt. Trotzdem ist der Dreifachverstärker unter Umständen recht gut zu gebrauchen. Namentlich für diejenigen Rundspruchfreunde, die Telegraphie aufnehmen wollen, ist er sehr zu empfehlen, weil die Resonanzlage der Transformatoren zu einer gewissen Tonselektion ausgenutzt werden kann. Die Schaltung ergibt sich aus Schema Abb. 12.

Über die Polung der Röhren und Transformatoren gilt das Vorgesagte. Die Pfeifneigung dieses Verstärkers zu unterdrücken, ist schon erheblich schwieriger als beim Zweifachverstärker, denn bei so hohen Verstärkungsziffern tritt bereits Rückkopplungsneigung des Verstärkers auf, die sich besonders bei Einstellung auf höchste Empfindlichkeit durch lautes Pfeifen kundgibt. Zwei Ursachen sind in den meisten Fällen zu finden:

1. Unbeabsichtigte Rückkopplung zwischen der unverstärkten Eingangs- und der verstärkten Ausgangsspannung.

2. Rückwirkung des Anodenkreises der Röhre auf den Gitterkreis der gleichen Röhre, die dadurch bedingt ist, daß die Röhre durch den nächstfolgenden Zwischentransformator überlastet ist. Wenn der Verstärker so aufgebaut wird, daß die Felder der einzelnen Transformatoren sich nicht stören, d. h. die Transformatoren senkrecht zueinander liegen und die Leitungsführung ebenfalls dem Grundsatz der Beseitigung jeglicher unbeabsichtigten Beeinflussung Rechnung trägt, kann sie verhütet werden. Die Brücke zwischen den beiden Seiten des Eingangstransformators ist hier unerläßlich. Man kann sie sogar im Transformator 2 und 3 ebenfalls verwenden, wie auf der Zeichnung angedeutet ist. Sehr wichtig bei dieser ganzen Anordnung ist jedoch die Frage der Gitterleitung und der Gitterisolation. Während wir die Gesichtspunkte, die für die Gitterisolation maßgebend sind, bereits besprochen haben, ist die Frage der Gitterzuleitungen noch offen geblieben. Grundsätzlich ist dafür zu sorgen, daß eine Parallelführung der Gitterdrähte mit der Frontplatte des Verstärkers vermieden wird. Die Gitterleitungen sollten immer senkrecht zu den Bedienungshandgriffen des Verstärkers liegen. Weiterhin müssen sie so kurz als möglich gehalten werden. Recht gut hat sich die Verkleidung derselben mit Staniol bewährt, das elektrisch leitend mit dem Transformatorkern und dem Minuspol der Gesamtanordnung verbunden ist. Außerdem könnte man den Ausgang des Verstärkers ebenfalls erden, indem die Anodenbatterie (Minuspol) mitgeerdet

wird. Pfeift der Verstärker dann noch, müßte die Belastung der Röhren durch die Transformatoren geändert werden. Nach einem Patent von Barkhausen stimmt man die Transformatoren nach Richtung der höheren Stufen tiefer ab. Man könnte auch die Kopplung loser machen, indem man z. B. beim zweiten oder dritten Transformator einen Teil der Primärwindungen herausnimmt resp. überbrückt. Dies könnte unter Umständen auch mit einem Kondensator geschehen. In jedem Fall wird man jedoch an Lautstärke einbüßen. Viel wichtiger als solche Hilfsmittel ist der Grundsatz, von vornherein jede Pfeifneigung dadurch zu verhindern, daß der Verstärker einigermaßen sauber aufgebaut wird. Ich möchte hier erwähnen, daß es sehr häufig vorkommt, daß ein Dreifachver-

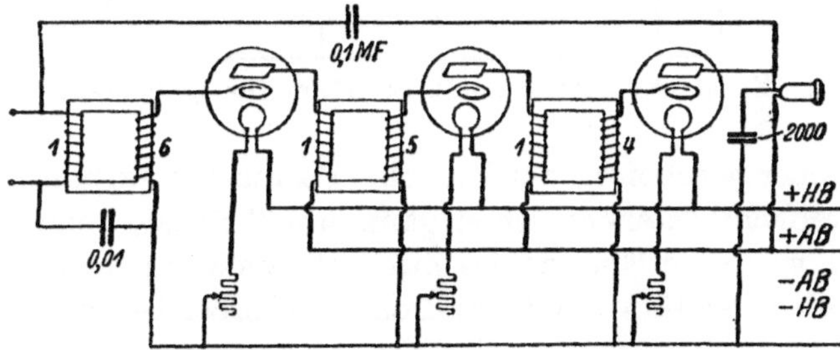

Abb. 12. Dreistufenverstärker mit durch die Heizung regelbarer Vorspannung und Entkopplungskondensator.

stärker deswegen pfeift, weil er feucht geworden ist. Wenn die Transformatoren so gebaut sind, daß eine Einatmung derselben ausgeschlossen ist, d. h. eine Feuchtigkeitsaufnahme von außen, ist die Sache nicht so gefährlich. Sind sie aber schlecht gebaut, so ist sehr häufig die Pfeifneigung darauf zurückzuführen, daß die Transformatoren Feuchtigkeit eingeatmet haben. Ein einfacher Versuch wird uns einen weiteren Fehler zeigen:

Wir bauen einen Dreifachverstärker auf einem Brett auf und bestreichen dieses mit irgendwelchem Lack und messen den Isolationswiderstand zwischen Eingangs- und Ausgangsklemmen. Wir werden bald finden, daß der Lack der Übeltäter ist. Der Isolationswiderstand zwischen Eingang und Ausgang ist so gering geworden, daß Kriechströme entstehen und damit die erwähnte Rückkopplung zwischen unverstärkter und verstärkter Spannung auftritt. Auf die richtige Polung der Heizleitungen ist hier ganz besonders genau zu achten.

9. Der Zweifachverstärker mit Endverstärkung.

Ein Kind des normalen Telegraphie-Dreifachverstärkers ist der Zweifachverstärker mit parallel geschalteter Endröhre. Dieser Apparat eignet sich für Rundfunkzwecke ebensogut wie der Zweifachverstärker. Er ist besonders dann zu empfehlen, wenn mit

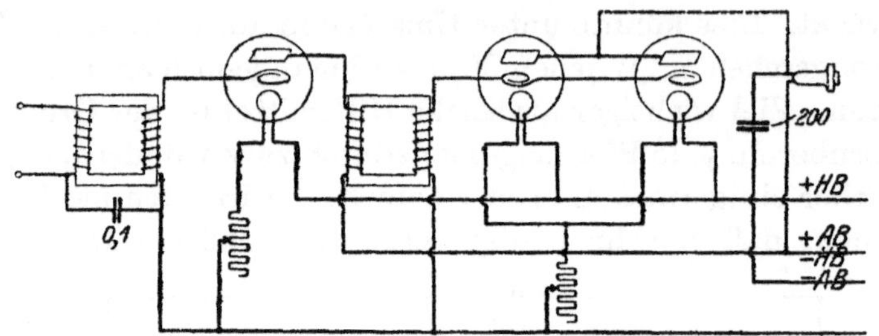

Abb. 13. Zweifachverstärker mit Endröhre für große Leistungen.

Lautsprecher gearbeitet werden soll. Da die Verzerrungsneigung beim Dreifachverstärker schon ganz erheblich ist, benutzt man meistens, wenn die Energie des Zweifachverstärkers nicht genügt, den Zweifachverstärker mit Endröhre. Hierbei ist, wie aus der

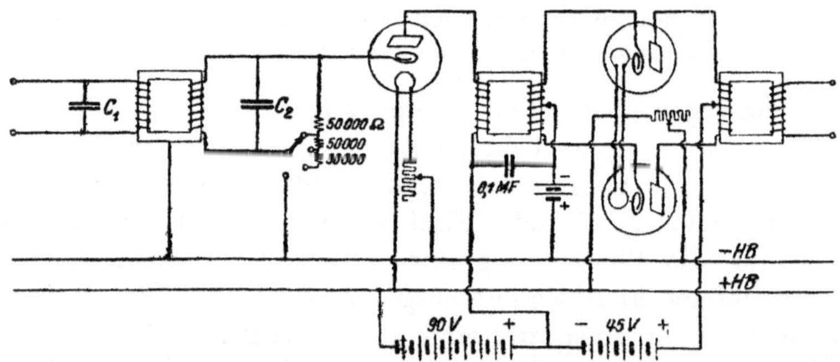

Abb. 14. Zweirohrverstärker mit Gegentaktendverstärker für Rundfunkzwecke und Entzerrungsshunt beim Eingangstransformator.

Zeichnung hervorgeht, die dritte Röhre einfach parallel zur zweiten geschaltet und braucht natürlich keinen eigenen Heizwiderstand, denn der hätte ja gar keinen Zweck, während der steuerbare Anodenstrom um mindestens 50 % erhöht wird. Aus dem Schaltschema gehen alle übrigen Daten deutlich hervor. Die Endröhre ist übrigens auch in ganz gleicher Weise beim Dreifachverstärker anwendbar. Ich habe einen solchen Dreifachverstärker mit Endröhre bei meinen früheren Apparaten für Schreibempfang immer mit sehr gutem Erfolge benutzt und die dritte und vierte Röhre als Gleichrichter verwendet. Der einzige Vorteil der Endröhre ist der, daß der Anodenstrom vergrößert wird. Eine weitere Verstärkung tritt natürlich nicht auf. Zu beachten ist, daß die beiden Endröhren möglichst gleiche Charakteristik haben müssen, wenn der Apparat gut funktionieren soll.

10. Der Vierfachverstärker.

Für Erdtelegraphie, Herztonuntersuchungen, Untersuchung elektromagnetischer Schwingungen in der Erde usw. ist der Vierfachverstärker notwendig. Dieser Apparat stellt eine Kaskadenschaltung von vier Röhren dar, der eventuell zur Erzielung hoher Endlautstärken mit einer fünften Röhre ausgerüstet werden kann. Man könnte auch sechs Röhren benützen,

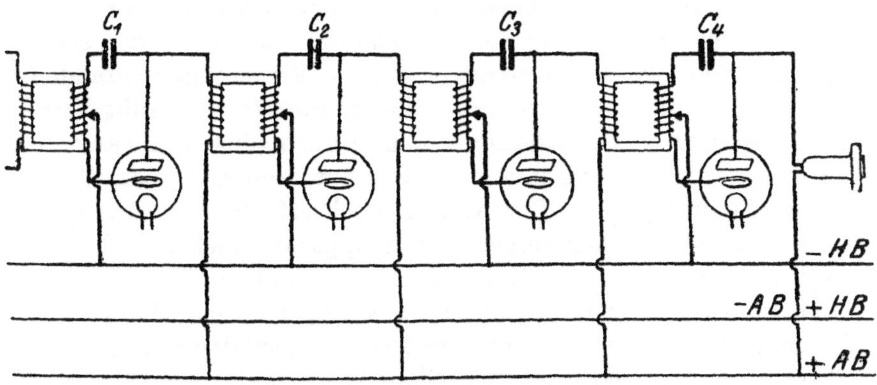

Abb. 14a. Vierfachneutrodyneverstärker.

indem sowohl bei der dritten als auch vierten Verstärkerstufe je zwei Empfangsröhren parallel geschaltet werden. Für Rundspruchzwecke kommen solche Verstärker wegen der unvermeidlichen Eigenresonanz überhaupt nicht in Frage. Aus dem Schaltbild geht die Konstruktion des Apparates deutlich hervor. Sehr wichtig ist natürlich hier die Unterdrückung der Rückkopplung. In den meisten Fällen wird der Funkfreund, der sich zum

Vierfachverstärker versteigt, nachdem er den Apparat fertiggestellt hat, zunächst nur ein lautes intensives Pfeifen hören, das jede Verstärkung von Signalen unmöglich macht. Dieses Pfeifen ist ein Zeichen der vorhandenen wilden Rückkopplung und muß nach denselben Gesichtspunkten beseitigt werden, die wir früher im gleichen Fall behandelt haben.

Für die Zwecke besonderer Untersuchungen verwendet man den Vierfachniederfrequenzverstärker. Unter der Voraussetzung guter Tonselektionen und Vorschaltung von Hoch- und Zwischenfrequenzverstärkern kann der Apparat auch Verwendung in der Kommerzialtelegraphie finden, besonders dann, wenn Schreiber oder Typendrucker benutzt werden sollen. Da die Verstärkung eines solchen Apparates normalerweise 15^4fach sein muß, so ist begreiflich, daß der Apparat nur in sehr störungsfreiem Raume aufgestellt werden kann, wenn er nicht besonders gegen äußere Einflüsse vagabundierender Ströme usw. geschützt ist. Im allgemeinen werden Vierfachverstärker durch Eisenkästen gegen elektrische Lokalstörungen abgeschirmt und leisten unter dieser Voraussetzung in verschiedenen Zweigen der Technik sehr gute Dienste. Ich erwähne nur die Selenphotographie, sowie den sprechenden Film, wo der Apparat praktische Verwendung gefunden hat. Auch in der Erdtelegraphie benutzte man früher häufig Vierfachverstärker, welche allerdings nicht die erheblichen Leistungen aufwiesen, die man von ihnen erwartet hat, weil sie für die Front zu empfindlich waren. Der Aufbau des Vierfachverstärkers muß noch mehr als der der vorgenannten Apparate nach den Grundsätzen erfolgen, die wir bereits beschrieben haben. Insbesondere sind Rückkopplungen peinlichst zu vermeiden und die Gitterleitungen unbedingt senkrecht zur Bedienungsplatte anzuordnen. Ebenso müssen natürlich die Transformatoren gegeneinander lagenentkoppelt werden, d. h. senkrecht zueinander stehen und gut elektrisch abgeschirmt werden. Für den Aufbau kommen nur vollkommen geschlossene Jochtransformatoren in Frage, bei denen die Spulen auf dem mittleren Jochbalken sitzen. Die Dimensionierung der Transformatoren ist so wählen, daß sie ungefähr dem Verhältnis 1 zu 10, 1 zu 7, 1 zu 5 und 1 zu 4 entspricht. Die Transformatoren der nächstfolgenden Stufen sollen jeweils tiefere Resonanzlagen besitzen, um Rückkopplung zu vermeiden. Wie schon früher bemerkt, kann man die Resonanzlage auch dadurch verschieben, daß man die Enden gegeneinander vertauscht und einzelne Punkte erdet. Man wird für Konzerttelephonie solche Verstärker nicht verwenden, da eine Eigenresonanz ziemlich unvermeidlich ist und Verzerrungen infolgedessen auftreten müssen, andererseits jedoch eine zusätzliche Dämpfung der Transformatoren den Nachteil hätte, daß die Wirkung des Verstärkers dadurch herabgemindert wird. Bei der enormen Verstärkung, die meist in der Größenordnung 10 bis 50000 liegt, ist es erklärlich, daß der Verstärker gegen mechanische Erschütterungen außerordentlich empfindlich ist. Schon wenn wir mit dem Finger ganz leise auf die erste Röhre klopfen, hören wir die dadurch bedingte Erschütterung des Heizfadens als ganz lautes Störgeräusch im Telephon. Der Verstärker ist also zweckmäßig auf eine dicke Filzplatte zu setzen, damit er gegen mechanische Störungen geschützt wird. Ganz besonders wichtig ist bei der Armierung des Apparates, daß er gegen Feuchtigkeit vollkommen geschützt ist, denn schon die geringste Feuchtigkeit würde die Leistung wesentlich beeinträchtigen und sehr leicht zum Pfeifen führen. Vielfach vermißt man auch bei Verwendung dieser Verstärker die Überlegung, daß die Belastung der Anodenbatterie ganz erheblich ist: Wenn wir pro Röhre nur 2 Milliampère Anodenstrom rechnen, so braucht der Vierfachverstärker bereits 8 Milliampère, die ständig aus der Anodenbatterie entnommen werden. Die Batterie muß also dieser Belastung entsprechend dimensioniert sein und darf nicht zu lange lagern, weil sie sonst einen zu großen inneren Widerstand aufweist, der sich durch Pfeifen kundgibt. Man shuntet in diesem Falle die Anodenbatterie mit einem großen Blockkondensator von annähernd 2 M.-F. Die Körper der Transformatoren werden ebenso wie der, innen mit Stanniolpapier ausgeschlagene, Kasten zweckmäßig geerdet. Zu beachten ist natürlich, daß eine Verzerrung durch Gleichrichtung vermieden wird, d. h. die Röhren durch die enorme Intensität nicht überbeansprucht werden. Tritt eine solche Überbeanspruchung tatsächlich ein, so müßten Röhren mit höherem Sättigungsstrom verwendet werden.

Die Überlegung, daß der Vierfachverstärker meist übersteuert wird, führt ohne weiteres zur nächsten Stufe unserer Arbeit, zum Kraftverstärker. Die Grenzen des transformatorisch gekoppelten Niederfrequenzverstärkers gewöhnlicher Bauart liegen da, wo die Röhre übersteuert werden kann. Während der Vierfachverstärker

z. B. für London-Empfang in Berlin unter Umständen noch recht gute Resultate liefern kann, ist er für den Empfang der lokalen und naheliegenden Sender infolge der Übersteuerung schon ungeeignet. Will man aber tatsächlich eine so große Lautstärke erzielen, daß man z. B. einige 100 Meter weit Musik und Sprache hörbar machen kann, so muß man zum Kraftverstärker greifen.

11. Der Kraftverstärker.

a) Allgemeines.

Man kann sowohl den Einlampen-, als auch Zwei- und Mehrlampenverstärker oben beschriebener Bauart ohne weiteres für Kraftverstärkerzwecke verwenden, wenn folgende Bedingungen erfüllt sind:

1. Die Transformatoren müssen eine sehr breite Resonanzlage besitzen. Außerdem sollen sie so gewickelt sein, daß sie bei einer Anodenspannung von mehreren 100 Volt noch durchschlagsicher sind. Die Drähte müssen mindestens eine Belastung von 20 Milliampère ohne Erwärmung aushalten.
2. Die Heizwiderstände müssen mindestens mit 5 Ampère belastet werden können, ohne auf eine höhere Temperatur als 20 Grad zu kommen.
3. Die Isolationen müssen so einwandfrei sein, daß kein Teil des Apparates bei Belastung mit 500 Volt durchschlägt.
4. Ein Ausgangstransformator ist unbedingt zu empfehlen, damit die hohe Anodenspannung vom Telephon oder Lautsprecher abgehalten wird.
5. Die evtl. Blockkondensatoren zur einpoligen Verbindung der Transformatorenwicklungen müssen unbedingt eine Gleichstromspannung von 500 Volt aushalten, ohne durchzuschlagen.

Wenn die zum Bau verwendeten Einzelteile diesen Bedingungen entsprechen, könnte man einen Kraftverstärker manchmal mit recht gutem Erfolg ohne weiteres nach denselben Prinzipien bauen, die wir bereits beschrieben haben. Da jedoch die einzelnen Konstruktionselemente diesen Anforderungen meist nur sehr unvollkommen entsprechen und außerdem die Leistung des Kraftverstärkers in der gewöhnlichen Schaltung nicht den Erfolg bringt, der dem Aufwand an Material entspricht, hat man für Kraftverstärkerzwecke andere Methoden ersonnen, die wesentlich günstigere Resultate liefern.

b) Der transformatorisch gekoppelte Zweifachverstärker.

Der meist verwendete Kraftverstärker ist der transformatorisch gekoppelte Zweilampenverstärker in Gegentaktschaltung (die sogenannte symmetrische Schaltung). Unser Schaltbild zeigt die Anordnung des Apparates besser als eine langatmige Erklärung. Wir sehen daraus zunächst grundsätzlich, daß die Kraftverstärkertransformatoren sowohl primär als auch sekundär einen Abgriff

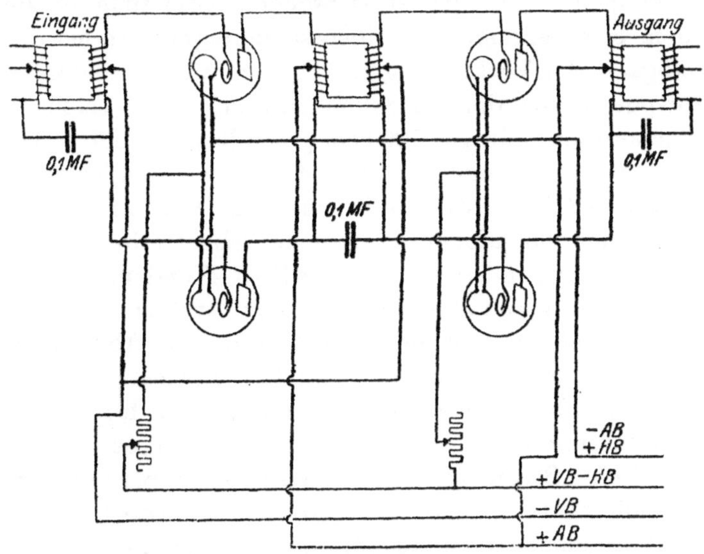

Abb. 15. Zweifachnormalkraftverstärker in Gegentaktschaltung.

genau in der Mitte besitzen und die beiden Röhren im Gegenkontakt zueinander arbeiten. Außerdem fällt uns auf, daß die Gittervorspannung durch eine besondere Batterie, die zweckmäßig regelbar eingerichtet ist, erreicht wird. Wir erinnern uns an die Gegentaktschaltung des Detektorapparates, die genau nach dem gleichen Prinzip arbeitet. Der Transformator muß natürlich die für Kraftverstärker notwendigen Bedingungen, die wir oben skizziert haben, erfüllen. Die Gittervorspannung ist bei normalen R.-S.-5-Röhren zweckmäßig mit zwei Taschenlampenbatterien in Hintereinanderschaltung herzustellen, soll also 8 Volt betragen (ihre Größe hängt natürlich von der Charakteristik der Röhre ab).

Der Ausgangstansformator ist ebenfalls in der Mitte abgegriffen und dient einerseits zur Abhaltung der hohen Anodenspannung vom Telephon oder Lautsprecher und andererseits dazu, eine gleichmäßige Belastung zu erzielen. Die beiden Röhren müssen natürlich genau gleich gebaut sein. Während der Eingangstransformator normal geschaltet ist, ist der Ausgangstransformator als Abwärtsübertrager geschaltet. Die Polung ergibt sich aus dem Schaltbild. Ich habe mit einem solchen einfachen Kraftverstärker Musik und Sprache aus Breslau in Berlin auf 200 Meter hörbar machen können. Die hierbei verwendete Schaltung entsprach genau dem beigegebenen Bild, insbesondere verweise ich auf die Notwendigkeit der Verbindung von Primär- und Sekundär-Transformatorspule durch den Blockkondensator, der zweckmäßig in der Größenordnung einiger 1000 cm gewählt wird. Ich selbst benutzte bei meinen Versuchen 0,05 M.-F. Die Anodenspannung betrug dabei 440 Volt, die direkt aus dem Kraftstromnetz entnommen wurden, nachdem eine einfache Siebkette für 50 Perioden in Serie und eine Drossel, sowie 8-M.-F.-Kondensatoren quer zum Starkstrom geschaltet waren. Der Aufbau solcher kombinierter Drossel- und Kondensatorketten zur Abhaltung der Netzgeräusche kann hier nicht behandelt werden.

Wenn man 3 bis 4 Anodenbatterien à 100 Volt hintereinander schaltet, kann man natürlich auch arbeiten. Man muß jedoch beachten, daß eine Stromentnahme von 20 Milliampère erfolgt und demgemäß die Batterien dimensionieren. Recht zweckmäßig wäre eine kleine Anodenbatterie aus Miniaturakkumulatoren, die man jederzeit wieder aufladen kann. Der Heizwiderstand wird beim Betrieb mit R.-S.-5-Röhren in der vorliegenden Schaltung mit 6 Ampère belastet. Das bedeutet, daß die Drähte desselben mindestens 1,5 Quadrat stark sein müssen, wenn keine unzulässige Erhöhung der Temperatur erfolgen soll. Die Heizbatterie muß ebenfalls eine konstante Spannung bei Belastung von 6 Ampère aufweisen und wird zweckmäßig zwischen 60 und 100 Ampèrestunden gewählt. Eine kleine Batterie hält diese Belastung gar nicht aus. Man könnte die Kathoden, wie ich dies früher in Holland sehr häufig gemacht habe, einfach aus dem Wechselstromnetz speisen, indem man einen Transformator baut, der die 220 Volt Netzspannung auf 20 Volt Heizspannung heruntertransformiert und dabei 6 Ampère abgibt, muß allerdings in diesem Falle (Wechselstrombeheizung) die Netzgeräusche und besonders den 50-Perioden-Ton der Starkstromleitung durch gute Drosselketten abhalten. Am einfachsten geschieht dies dadurch, daß man die Heizspannung mit einem Potentiometer am Transformator abgreift, das mit einem entsprechenden Blockkondensator geshuntet ist. Wenn eine solche Anlage auch teurer ist als die Anschaffung von Akkumulatoren, so kommt sie für den praktischen Betrieb trotzdem in vielen Fällen in Frage, weshalb wir sie behandelt haben. In der Sendetechnik wird die Wechselstromheizung ja schon sehr lange mit Erfolg durchgeführt. Man könnte auch aus dem Gleichstromnetz vermittels großer Widerstände, z. B. eines elektrischen Ofens, die Heizung und Anodenspannung gleichzeitig entnehmen. Ich muß jedoch darauf aufmerksam machen, daß mit der Erdung dann meist erhebliche Schwierigkeiten verknüpft sind. Ein Pol der Starkstromleitung ist gewöhnlich geerdet. Man wird, wenn man die Heizung und Anodenspannung aus demselben Kraftnetz entnimmt, dann meist die Sicherung durchschlagen, weil über die Röhre und Erdung ein Kurzschluß erfolgt. Sobald man an die Lichtleitung zum Zwecke der Stromentnahme herangeht, sollte man stets einen so großen Widerstand vorschalten, daß die Sicherungen nicht durchbrennen können. Da aber die meisten Wohnungssicherungen nur 6 Ampère aushalten, wird man für gewöhnlich auf die Speisung des Kraftverstärkers aus dem Lichtnetz verzichten und Akkumulatoren verwenden. Nur in Fällen, wo Wechselstrom zur Verfügung steht, ist der Netzanschluß für die Heizung zu empfehlen, weil er die ökonomischste Form der Röhrenbeheizung darstellt, da dann ja keine Spannung vernichtet wird, sondern transformatorisch die niedrige Heizspannung und der hohe Heizstrom erzeugt werden. Andererseits kostet natürlich der Einbau einer Drossel- und Kondensatorkette auch ziemlich viel Geld, so daß man häufig doch wieder zu Akkumulatorenheizung zurückgreifen muß. Werden sehr steile Röhren verwendet, was im Interesse der hohen Verstärkungsleistung sehr zu empfehlen ist, so muß man besonders bei der Dimensionierung der Heiz- und Anodenbatterie der gegebenen Belastung Rechnung tragen, damit durch Überbelastung bei längerem Betrieb kein schädlicher Spannungsabfall erzeugt wird. Beim Arbeiten mit 440 oder 500 Volt Gleichstrom ist dem Funkfreund Vorsicht zu empfehlen. Wenn auch durch Berührung mit einer 500 Volt führenden Leitung bei Gleichstrom noch keine unbedingte Lebensgefahr besteht, so ist trotzdem eine Bekanntschaft mit dieser Spannung schon sehr unangenehm. Diesem Gesichtspunkt muß natürlich der Aufbau des ganzen Apparates Rechnung tragen. Wenn man einen solchen Verstärker verkaufen würde, bei dem durch eine unvorsichtige Berührung die Möglichkeit gegeben wäre, daß die 500-Volt-Spannung durch den Körper zur Erde sich ausgleicht und der Experimentierende dadurch Schaden litte, wäre die Fabrik dafür verantwortlich. Man muß alle Klemmen so einbauen, daß keine blanken Teile zugänglich sind, und die spannungsführenden Leitungen besonders isolieren.

Eine zweite sehr wichtige Frage ist die Isolation des Kastens. Wenn wir gewöhnliches Holz untersuchen, indem wir z. B. in einer Normalentfernung von 20 mm zwei Buchsen einschlagen und an dieselben unter Zwischenschaltung eines Milliampèremeters 500 Volt Starkstrom legen, so werden wir schon ganz einen gut meßbaren Strom feststellen können, der als Kriechstrom zwischen den beiden Buchsen fließt. Die Isolation muß also ganz besonders hochwertig sein und der Verstärker gegen Feuchtigkeit ganz besonders geschützt werden. Da alle Störungserscheinungen, die auf schlechte Transformatorenjoche mit magnetischem Schlupf zurückzuführen sind, im Kraftverstärker natürlich in ungeheurer Verstärkung auftreten, muß man darauf sehen, daß die Transformatorenjoche ganz besonders gut geschlossen sind, und aus sehr gutem, fein unterteiltem, hochlegiertem Eisen zusammengesetzt sind. In Betracht kommen überhaupt nur Doppeljochtransformatoren, die auch auf dem Markt zu haben sind.

Wenn alle vorgenannten Konstruktionsgrundsätze beachtet werden, ist ein solcher Verstärker allerdings der ideale Apparat zum Betrieb eines Lautsprechers. Man kann damit wirklich enorme Intensitäten erzeugen. 50 Milliampère können erreicht werden, wenn die Anodenspannung genügend hoch ist. Die normalen R.-S.-5-Röhren können ruhig mit 800 Volt Anodenspannung betrieben werden. Die Gitterspannung ist dann allerdings kleiner zu wählen, da man sonst zu weit in den negativen Bereich der Anodenstromkurve verrutscht und Verzerrungen durch Gleichrichtung befürchten muß.

Die meisten Funkfreunde werden nun sagen, das ist ja ganz schön, aber solche Transformatoren mit Mittelabgriffen gibt es bei uns nicht. Das ist vollkommen richtig. Ich habe zwar amerikanische Transformatoren vorbeschriebener Art versucht und für sehr brauchbar befunden. Man kann jedoch nicht wegen zwei Transformatoren eigens nach Amerika schreiben und muß infolgedessen sehen, wie man mit den auf dem deutschen Markt vorhandenen Materialien zurechtkommt. Ich habe mir von zwei Firmen gewöhnliche Transformatoren, die auf 800 Volt Gleichstrom geprüft waren und mit sogenannten Doppeljochen ausgerüstet sind, kommen lassen und dieselben zu einem Verstärker zusammengebaut, den das Schaltbild im Original zeigt. Die Erfolge damit waren ebensogut wie mit dem amerikanischen Transformator. Zu beachten ist jedoch, daß die Transformatoren richtig gepolt werden, denn sonst heben sich die beiden Wicklungen gegeneinander auf. Ich habe deshalb die Polung in der Zeichnung angegeben. Ein solcher Kraftverstärker ist nicht einmal sehr teuer. Die Transformatoren kosten pro Stück M. 10,—, macht M. 40,—, die beiden Senderöhren pro Stück M. 25,—, macht M. 50,—, die Anodenbatterie von 440 Volt kostet M. 100,—. (Ich benutze selbst eine solche Batterie von 440 Firma Limpke, Berlin.) Zweckmäßig wird man überhaupt der Volt nehmen, und zwar die Batterie in zwei Kästen à 220 Volt, weil man dann aus dem gewöhnlichen 220-Volt-Lichtnetz beim Aufladen beide Batterien parallel schalten und aufladen kann. Außerdem ist diese Betriebsspannung auch für die Senderöhren sehr günstig. Der Preis für einen 100-Ampère-h-Akkumulator von 10 Volt in Holzkasten beträgt ebenfalls 100,— M. und der Preis für einen erstklassigen großen Lautsprecher 120,— M., so daß insgesamt, wenn man den Preis des Verstärkers komplett mit 100,— M. einsetzt, die gesamte Kraftverstärkeranlage auf 400,— M. zu stehen kommt. Wer Wechselstrom im Hause hat, müßte zu diesem Betrag noch ca. 100,— M. hinzurechnen für eine gut funktionierende zweckmäßige Ladeeinrichtung. Man kann also mit M. 500,— unbedingt eine gute Kraftverstärkeranlage einschließlich sämtlichem Zubehör einrichten. Rechnet man hierzu einen erstklassigen Dreiröhren-Reflexempfänger für den Preis von M. 300,—, so würde eine Anlage für Hotels und große Wohnräume inkl. Antennenbau auf rund 900,— M. mit Ersatzröhren, Telephonen usw. kommen. Dabei ist die Wirkung einer solchen Kombination Dreiröhren-Reflexempfänger und Zweiröhren-Kraftverstärker mit gutem Lautsprecher außerordentlich groß. Nach meinen eigenen Beobachtungen hört man die Musik und Sprache mindestens 300 m weit.

Für viele Zwecke wird jedoch die vorbeschriebene Anlage noch nicht ausreichen. Es entspricht der Tendenz der vorliegenden Arbeit, die Anwendung des Niederfrequenzverstärkers im Rundfunk möglichst vollkommen zu behandeln und demzufolge noch weitere Kraftverstärker zu besprechen. Man könnte den vorbeschriebenen Zweiröhren-Kraftverstärker, der eigentlich nur einstufig im Gegenkontakt arbeitet, natürlich ohne weiteres zu einem Zweistufen-Gegentaktverstärker ausbilden, indem man, wie die nächste Zeichnung zeigt, eine dritte Röhre als Einfach-Niederfrequenzverstärker zuschaltet oder zwei weitere Röhren als Zweifach-Gegentaktdoppelverstärker. Diese Schaltung zeigt Abb. 15 S. 43. Die Transformatoren werden zweckmäßig nach den Grundsätzen der Niederfrequenzverstärker von mehreren Stufen ebenfalls wieder so ausgewählt, daß möglichst nach oben zu niedrige Eigenfrequenzen bevorzugt werden. Der Aufbau und die Auswahl der Röhren muß dem beabsichtigten Zweck entsprechen. Mit gewöhnlichen R.-S.-5-Röhren und einer Anodenspannung von 440 Volt läßt sich im Raume der zu steuernden Kräfte noch eine gute Ausnutzung des Vierfachverstärkers resp. Doppelgegentaktverstärkers erzielen. Wenn man die erste Schaltung benutzt, wird man zweckmäßig den Eingangstransformator durch einen Widerstand shunten, um auf die günstigste Lautstärke abgleichen zu können und den Resonanzbereich zu erweitern. Abb. 14 S. 38 zeigt diese Anordnung. Man verwendet am besten induktionsfreie Widerstände, z. B. Lilienfeldröhren, oder Widerstände aus Silitstäben, die in einfachster Weise vermittels eines Milliampèremeters auf den entsprechenden Widerstandsbetrag unter Verwendung einer Spannung von 220 V. abgeglichen werden können. Bewährt hat sich die Unterteilung: 1000, 2000 und 5000 Ohm, so daß durch die Kombination aller zusammen die Größen 1000, 2000, 3000, 4000, 5000, 6000, 7000, 8000, 9000 und 10000 Ohm hergestellt werden können und durch die Parallelschaltung aller oder einzelner Widerstände die entsprechenden Reziprokwerte. Die bekannte Meßbrückenanordnung mit Stufenwiderständen ist hierfür ein gutes Vorbild. Man kann ohne weiteres eine solche Brücke als Shunt benützen.

12. Die Verstärker mit Widerstandskopplung.

Wenn auch die transformatorisch gekoppelten Verstärker besonders bei Gegentaktschaltung, die übrigens auch bei kleinen Empfängerröhren angewendet werden kann, schon technisch so weit durchgebildet sind, daß eigentlich Verzerrungen durch Resonanzlage der Transformatoren bei gut gebauten Transformatoren ziemlich ausgeschlossen sind, wie wir ja auch aus der angegebenen Kurve ersehen, so ist trotzdem für bestimmte Zwecke, insbesondere, wenn es sich um noch größere Verstärkungen handelt

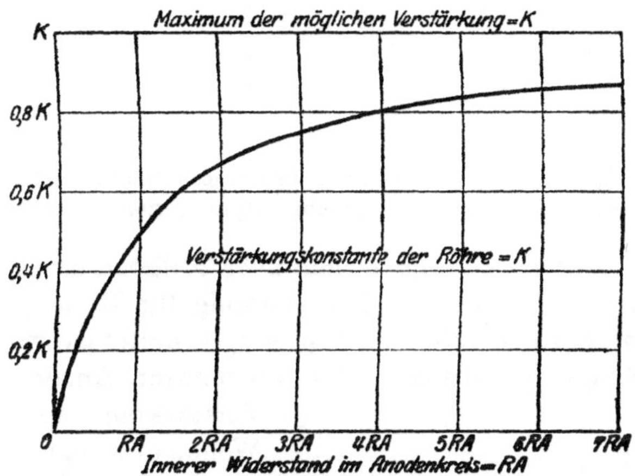

Abb. 16a. Abhängigkeit des Verstärkungsgrades beim Widerstandsverstärker von der Anpassung der Anodenkreiswiderstände an die Röhre.

als die mit unseren eingangs besprochenen Apparaten erreicht werden können, der widerstandsgekoppelte Verstärker vorzuziehen. In Amerika ist heute die beliebteste Kombination der Zweilampen-Symmetrieverstärker, wie wir ihn beschrieben haben, und ein weiterer Zweilampen-Widerstandsverstärker. Bekanntlich benutzt man beim sprechenden Film diese Widerstandsverstärker in großem Umfange, weil sie den Vorteil haben, wirklich verzerrungsfrei zu arbeiten.

Ehe wir in ihre Betrachtung eintreten, erinnern wir uns kurz des widerstandsgekoppelten Hochfrequenzverstärkers aus einem früheren Bändchen dieser Reihe. Wir fanden bei dessen Untersuchung, daß mit der theoretischen Verstärkung, die zweifellos gewährleistet ist, nicht alles so stimmt, wie man glauben möchte.

Ein normaler Widerstandshochfrequenzverstärker arbeitet unter 600 m Wellenlänge, also bei sehr hohen Frequenzen außerordentlich schlecht, indem sein Wirkungsgrad bis zu wenigen Prozent des Normalen sinkt, und bei sehr niedrigen Frequenzen ebenfalls

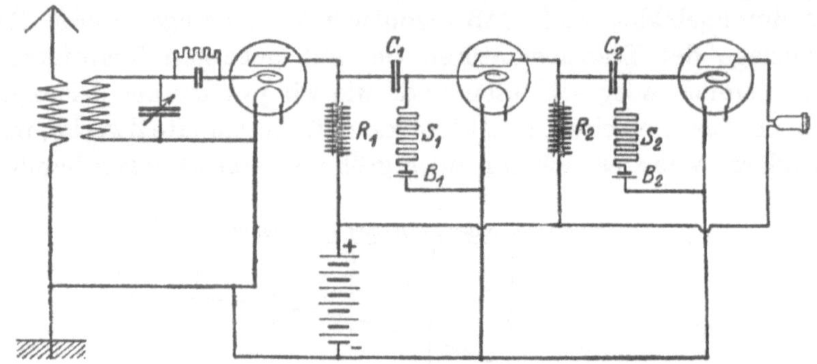

Abb. 16b. Audion mit Drossel-kondensatorgekoppeltem Kraftverstärker für verzerrungsfreien Lautsprecherempfang nahe dem Sender.

ungünstig. Für ganz lange Wellen über 20000 m ist er eigentlich nicht mehr zu gebrauchen. Ebensowenig für Rundspruchwellen unter 600 m, wenn nicht eine Lampe vorgeschaltet ist, welche durch Rückkopplungseinrichtung und abgestimmten Anodenkreis eine Verstärkung auf niedrigen Wellen erzwingt. Der widerstandsgekoppelte Hochfrequenzverstärker hat also schon einen eng begrenzten Anwendungsbereich, wenn auch bei günstiger Abgleichung aller Größen manchmal geradezu verblüffende Erfolge mit ihm erzielt worden sind. — Wenn auch viele Radiofreunde sich bereits durch solche Erfolge verblüffen ließen und nicht bedacht haben, daß dieselben industriell gar nicht auswertbar sind, weil eben der Verstärker absolut von den bestimmten Lampen abhängig ist, für die er gebaut wurde und mit anderen nur einen geringen Bruchteil seiner ursprünglichen Wirkung ergibt — so ist für Niederfrequenzzwecke mit dem Apparat trotzdem mehr anzufangen, als man im ersten Moment glaubt. Beim sprechenden Film

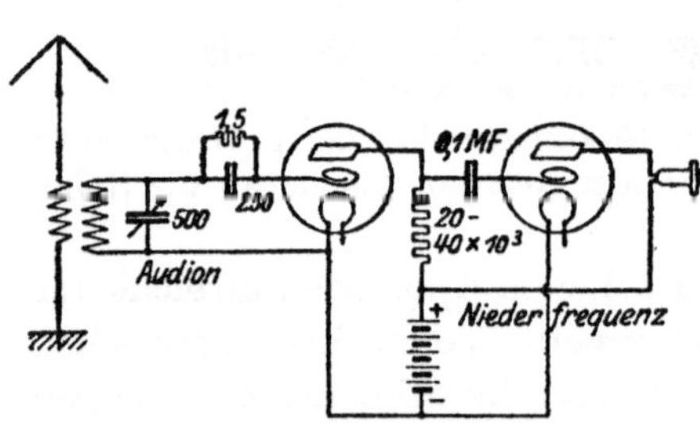

Abb. 17. Audion mit widerstandsgekoppeltem Einrohrkraftverstärker.

herrschte ja ursprünglich genau dieselbe Antipathie gegen mehrstufige widerstandsgekoppelte Niederfrequenzverstärker, wie wir sie in der Rundspruchindustrie in allen Ländern kennengelernt haben und trotzdem hat sich gerade in neuester Zeit in Amerika dieser Verstärker immer mehr eingebürgert und an Geltung gewonnen. Die Konstruktion eines solchen Apparates kann nur von den Gesichtspunkten aus durchgeführt werden, daß ganz bestimmte Röhrentypen Verwendung finden, denn es hängt hier alles von der richtigen Abgleichung aller Widerstände aufeinander ab, insbesondere der Abgleichung der Gitterseite und Anodenseite gegenüber der Röhre. Im allgemeinen wird man für die Gitterseite Übertragungswiderstände von mindestens 80000 Ohm wählen, während die Entriegelungswiderstände in der Größenordnung von 2 bis 10 Millionen Ohm liegen und in der Anodenleitung Widerstände in der Größenordnung 50 bis 100000 Ohm benutzt werden. Die größte Schwierigkeit bereitet natürlich die Auswahl der Widerstände, denn die gewöhnlichen Silitstäbe sind für diesen Zweck meist zu inkonstant und müssen besonders präpariert werden, wenn sie tatsächlich brauchbar sein sollen. Ich habe bei meinem Apparat die Silitstäbe, nachdem ich sie genau abgeglichen hatte, in evakuierten Glasgefäßen eingeschlossen, wodurch Konstanz erreicht wurde. Dieses Verfahren ist jedoch ziemlich umständlich, da schon das Abgleichen, das man empirisch nach der üblichen Niederfrequenzprüfmethode durchführen kann, erhebliche Schwierigkeiten bereitet. Wenn die Silitstäbe dagegen genau abgestimmt sind, erzielt man eine fast ebenso große aber vollkommen verzerrungsfreie Verstärkung, wie wir sie bei dem transformatorisch gekoppelten Verstärker kennen.

Viel besser als gewöhnliche Silitstäbe eignen sich hochohmige Flüssigkeitswiderstände in Kapillarröhren, die eine außerordentliche Konstanz aufweisen. Allerdings müssen die Zuführungen aus Platin bestehen und gut montiert werden. Neue Versuche mit den großen Lilienfeld-Bandwiderständen in Glasröhren haben ergeben, daß diese Apparate gerade für unsern Zweck außerordentlich gut zu gebrauchen sind. Man muß bedenken, daß die Belastung eines solchen Widerstandes immerhin leicht in der Größenordnung von 20 bis 50 Milliampère auf der Anodenseite sich bewegt und die Widerstände infolgedessen für erheblich höhere Belastungen gebaut sein müssen, als sie bei den gewöhnlichen Silitstäben vorausgesetzt wird. Die von Lilienfeld konstruierten hochohmigen Widerstände erfüllen diese Bedingung vollkommen, denn sie können bis zu $^1/_2$ Ampère ohne Widerstandsänderungen belastet werden. Außerdem sind sie an und für sich in Glasröhren eingeschmolzen und deshalb sehr stabil. Wer sich selbst solche Widerstände bauen will, dem sei die Kapillarröhre, die mit chinesischer Tusche gefüllt ist, empfohlen. Als Kontaktmaterial könnte unter Umständen auch Silber verwendet werden. Die Abgleichung von Kapillarwiderständen ist natürlich sehr einfach, da man einen der Zuführungsdrähte beweglich machen kann und mehr oder weniger tief in die Flüssigkeit hineinsteckt, wodurch sich der Widerstand ändert. Ich habe seinerzeit noch eine andere Methode ersonnen,

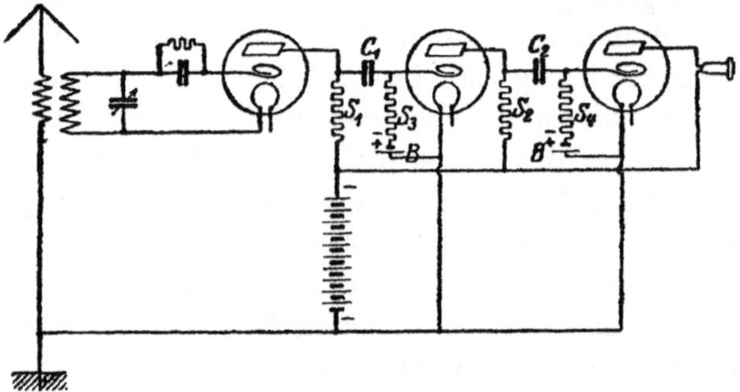

Abb. 18. Audion mit Zweirohrwiderstandskraftverstärker für frequenzunabhängige Lautsprecherwiederagbe.

induktionsfreie Widerstände dieser Größenordnung zu bauen, die eine hohe Konstanz aufweisen und in einfachster Weise variabel sind. Man preßt Graphit- und Granitstaub zu einem flachen Ring, den man in einen gewöhnlichen Widerstandssockel einmontiert. Statt des Schleifers benutzt man eine gut gefederte kräftig drückende Rolle, welche zentrisch auf dem Ring schleift. Auf diese Weise kann man eine sehr feine Abgleichung erzielen und infolgedessen den Verstärker in einfachster Weise auf höchste Leistungsfähigkeit einstellen. Die Gitterkondensatoren müssen mindestens 0,01 M.-F. groß sein. Zu erwähnen ist hierbei jedoch, daß die Kondensatoren unbedingt möglichst verlustfrei arbeiten müssen. Am besten würde man die sogenannten Dubilier-Kondensatoren verwenden. Da man diese Apparate jedoch meist nicht zur Hand hat, empfiehlt es sich, entsprechende Kapazitätsgrößen aus Glimmerkondensatoren zusammenzustellen. Die gewöhnlichen Bandkondensatoren der Fernsprechtechnik eignen sich natürlich für unsere Zwecke nicht, weil die Isolation zu schwach ist und bei 440 Volt leicht durchschlagen könnte. Für die räumliche Anordnung des Verstärkers, insbesondere der Zuführungsdrähte und Schaltleitungen, gilt das beim widerstandsgekoppelten Hochfrequenzverstärker Gesagte. Leitungsverluste können bei solchen Verstärkern den ganzen Effekt verhindern, man muß also beim Aufbau äußerst gewissenhaft zu Werke gehen. Bei genauer

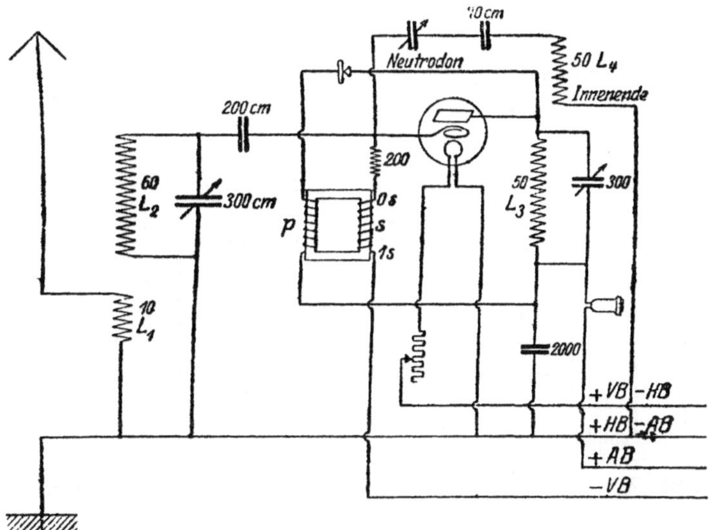

Abb. 19. Einrohrreflexempfänger mit Neutrodon für hohe Empfindlichkeit und Selektivität.

Abgleichung erzielt man die gleich guten Resultate, wie mit transformatorisch gekoppelten Kraftverstärkern. Es ist jedoch darauf zu sehen, daß die Batteriespannungen konstant bleiben, auch wenn die Belastung über eine längere Zeitdauer sich erstreckt. Besonders günstig arbeiten sie, wenn Doppelgitterröhren verwendet werden, doch müssen dieselben eine genügend große Leistung herzugeben imstande sein. Die Doppelgitterröhren der Fernsprechverstärker sind recht geeignet. Ich selbst habe mit den Röhren Gelr. 16a von Siemens außerordentlich günstige Resultate erzielt. Je größer die Steilheit, desto genauer muß sowohl die Abgleichung der Widerstände erfolgen, als auch die Konstanz der Betriebs-

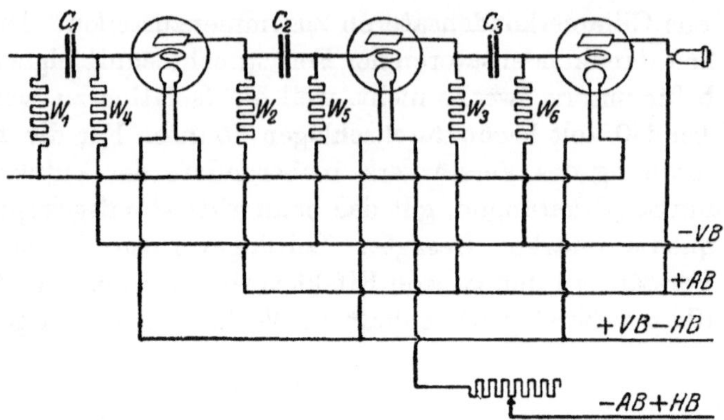

Abb. 20. Normalschaltung des kondensatorgekoppelten Kraftverstärkers.

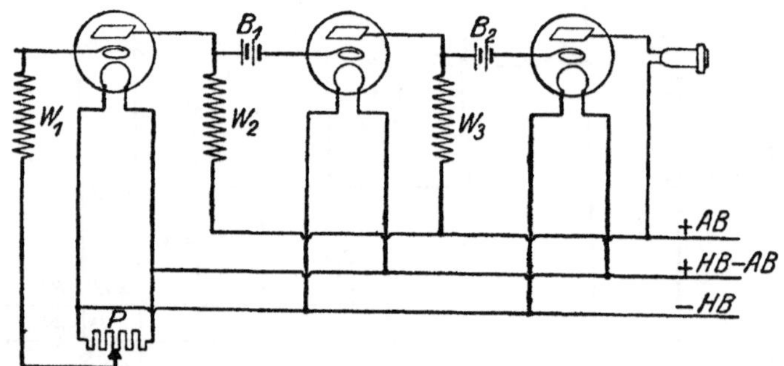

Abb. 21. Batteriegekoppelter aperiodischer Kraftverstärker.

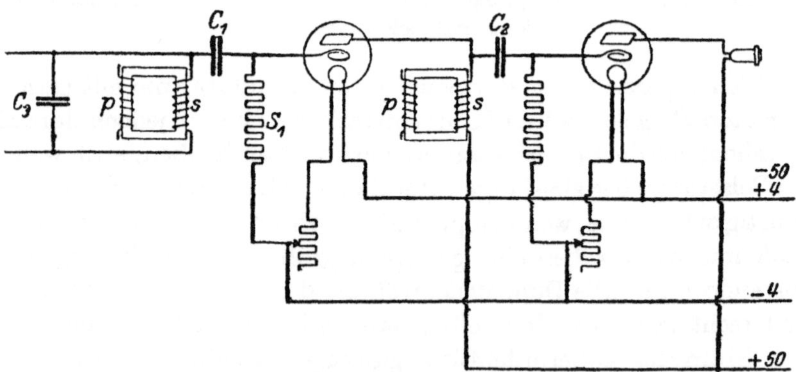

Abb. 22. Drosselkraftverstärker mit alten Transformatoren für verzerrungsfreien Musikempfang.

spannungen eingehalten werden. Die Verstärker empfehlen sich insbesondere zur Hintereinanderschaltung mit dem normalen Zweilampen-Gegentaktverstärker mit Senderöhren, da die Schwankungen, die ans erste Gitter kommen, möglichst groß sein müssen, um die Röhre tatsächlich voll auszunutzen.

13. Die Energiebilanz.

Wir kommen damit zu einem Punkt, der meistens sowohl von Konstrukteuren als auch Radioamateuren übersehen wird. Es ist die Frage: Wann kann ein widerstandsgekoppelter Verstärker mit Senderöhren wirklich die höchste Leistung hergeben? Bei manchen Vorführungen läßt man sich dadurch verblüffen, daß der betreffende Experimentator die Verhältnisse in günstiger Weise abgeglichen hat, und glaubt dann, etwas ganz Neues und Hervorragendes gesehen und gehört zu haben, während in Wirklichkeit nur die richtige Ausnutzung des ganzen Apparates den Effekt hervorbrachte. Senderöhren oder leistungsfähige Kraftverstärker-Doppelgitterröhren sind immer erst dann am Platze, wenn die Amplitude der einfallenden Niederfrequenz tatsächlich so groß ist, daß die Röhre vollkommen durchgesteuert wird. Ich denke dabei an das Beispiel des Saalverstärkers, der seinerzeit in der Skala vorgeführt wurde. Die meisten Leute glaubten, etwas ganz Neues, besonderes Leistungsfähiges zu sehen, während in Wirklichkeit nur, allerdings bei geschickter Ausnutzung der Sättigungsströme, ein einfacher Dreiröhrenapparat, der dort aus einem gewöhnlichen Einröhrenaudion und einem Zweifach-Kraftverstärker bestand, benutzt wurde. Die Energie der einfallenden Hochfrequenz war bereits eingangs so groß, daß die Empfängerröhre fast vollkommen durchgesteuert wurde. Der Konstrukteur hatte die Wichtigkeit dieser Voraussetzung erkannt und sie bewußt herbeigeführt, so daß eine weitere Verstärkung mit gewöhnlichen Empfängerröhren hinter dem Einröhrenapparate gar keinen Zweck gehabt hätte. Er hat infolgedessen die zweite und dritte Röhre sofort als Kraftverstärker ausgebildet und damit in der letzten Röhre Sättigung erreicht. Würde er nun noch weiter verstärken wollen, so wäre dieses Beginnen ganz nutzlos, da ja die letzte Röhre bereits durchgesteuert ist. In diesem Falle hätte eine weitere Verstärkung nur dann erzielt werden können, wenn die folgende Röhre, unter der Voraussetzung der gleichen Röhrentype, tatsächlich höheren Sättigungsstrom zugelassen hätte. Dies bedingt aber im vorliegenden Fall eine Erhöhung der Anodenspannung um mindestens einige hundert Volt. Man könnte also ohne weiteres hinter die beschriebene Kombination noch einmal einen Zweifachverstärker, in diesem Falle am besten einen widerstandsgekoppelten, schalten, in dem die Anodenspannung der Röhre statt auf 440 Volt auf 800 Volt gebracht ist. Ich möchte hier jedoch gleich erwähnen, daß solche Kaskadenanordnungen von Verstärkern nur dann Zweck haben, wenn nach Möglichkeit eigene Batterien für die einzelnen Verstärker benutzt werden. Ich erinnere hier an die zahlreichen Versuche, die im Jahre 1919 gemacht wurden, mehrstufige Verstärker gleicher Bauart hintereinander zu schalten. Man erzielte gewöhnlich nur dann einen Erfolg, wenn gesonderte Batterien für die einzelnen Verstärkerglieder benutzt wurden. Die Sache ging so weit, daß man schließlich, wie Marconi, zu einer 20stufigen Verstärkung kam. Man muß allerdings dabei berücksichtigen, daß der Zusammenbau erhebliche Schwierigkeiten dadurch bereitet, daß sehr leicht Rückwirkungen auftreten, die zu einem ganz unangenehmen Pfeifen führen. Am einfachsten verhindert man die Rückwirkung dadurch, daß zwischen die beiden Verstärkerglieder eine Tonselektion geschaltet wird, die variabel gestaltet ist. Die Variierung kann entweder dadurch geschehen, daß die Tonselektionsspulen, die am besten als Ringspulen mit je 1 Henry Selbstinduktion ausgebildet sind, in einem ziemlich weiten Bereich gegeneinander verschoben werden können oder dadurch, daß beim Kopplungstransformator der Eisenkern variabel ist. Bei Konzertempfang ist dieses Verfahren jedoch nicht zu empfehlen, weil ja die Tonselektion nur ein bestimmtes schmales Frequenzband durchläßt, folglich Verzerrungen unvermeidlich wären. Würde man zwei gewöhnliche Verstärker oder zwei Kraftverstärker hintereinanderschalten, so müßte man am besten in die Verbindungsleitungen Detektoren einschalten, welche bekanntlich zwischen Stein und Spitze und Spitze und Stein verschiedene Widerstände haben, infolgedessen eine Rückwirkung verhindern. Statt der Detektoren kann man selbstverständlich auch irgendeine Ventilröhre oder als Ventil geschaltete Verstärkerröhre als Sperrglied benutzen. Die Funktion einer solcher Röhre erklärt sich ohne weiteres aus dem gewöhnlichen Audion.

Viel Glück wird man im allgemeinen aber mit solchen hintereinandergeschalteten Verstärkern nicht haben. Die günstigste Kombination bleibt immer die, Verstärker verschiedener Bauart hintereinander zu schalten, z. B. hinter den gewöhnlichen Empfangsverstärker den Zweiröhren-Kraftverstärker in Gegentaktschaltung und hinter diesem einen Zweiröhren-Kraftverstärker in Widerstandsshaltung. Zweckmäßig wird man dann für den ersten Kraftverstärker kleine Senderöhren und für den zweiten große Doppelgitterröhren verwenden (natürlich müssen die Doppelgitterröhren in Raumladungsschaltung benutzt werden, da es ja

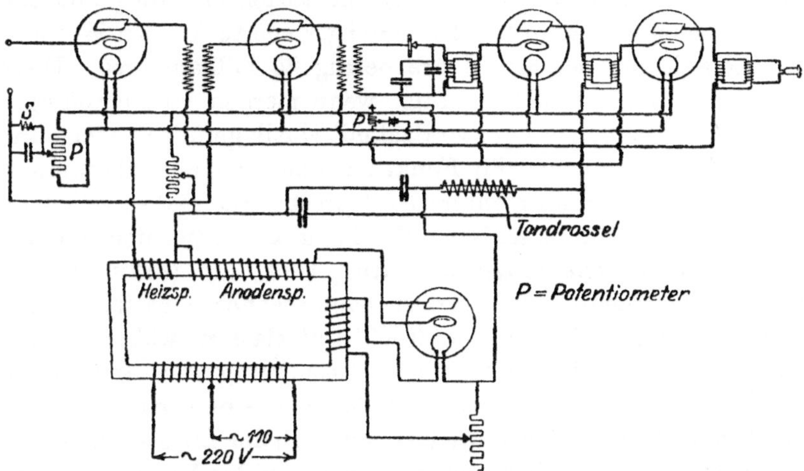

Abb. 23. Wechselstromnetzanschluß beim einfachen Vierröhrenempfänger zur Entnahme aller Betriebsspannungen aus dem Überlandnetz für Empfang auf dem Lande.

auf hohen Sättigungsstrom ankommt). Unsere Abb. 20, S. 54, zeigt einen widerstandsgekoppelten Verstärker. Die Zeichnung erklärt sowohl die vorliegenden Verhältnisse als auch die Dimensionierung der Einzelteile. Die Funktion dieses Verstärkers ist genau dieselbe wie die des induktionsgekoppelten Transformator-Kraftverstärkers.

Man könnte nun noch weiter gehen und Rückkopplungen im Verstärker anbringen. Wir übergehen die hierfür zweckmäßigen Anordnungen, weil sie für unseren Konzertempfang nicht in Frage kommen, da wir ja gerade eine erhöhte Dämpfung der Transformatoren erstreben. Zweckmäßig wird natürlich bei allen Kraftverstärkern die Heizung durch ein Ampèremeter kontrolliert, damit die teuren Röhren nicht überlastet werden. Sowohl die Gittervorspannung als auch die Anodenspannung müssen von Zeit zu Zeit geprüft werden, wenn ein dauerndes Funktionieren gewährleistet sein soll. Zum Schluß möchte ich noch einiges über meine eigenen Erfahrungen mit Kraftverstärkern mitteilen:

Es gelang mit einem Dreiröhren-Ultrareflexempfänger und einem zweifach transformatorisch gekoppelten Kraftverstärker, mit Transformatoren auf Doppeljochen und einem gewöhnlichen billigen Lautsprecher in Berlin-Wilmersdorf die Musik aus Breslau mit einer verhältnismäßig schlechten Hochantenne so stark wiederzugeben, daß man auf mehrere 100 m Entfernung alles laut und deutlich verstehen konnte. Die durchgesteuerte Anoden-Wechselstromenergie der letzten Röhre betrug 25 Milliampères. Diese Energie ist auch unbedigt nötig, wenn man so laut empfangen will, daß tatsächlich ein großer Saal mit Musik gefüllt werden kann oder der Lautsprecher die Funktion einer Kapelle übernimmt. Zweckmäßig wird man mehrere Lautsprecher im Saal so verteilen, daß die durch die akustische Brechung hervorgerufenen musikalischen Eindrücke möglichst naturgetreu dem wirklichen Orchester entsprechen. Ein einziger Lautsprecher wird fast immer einen gewissen flachen Toneindruck hinterlassen, während mehrere, geschickt aufgestellt, unter Ausnutzung der akustischen Reflexionswirkungen im Saal, tatsächlich einen naturgetreuen räumlichen Musikeindruck wiederzugeben in der Lage sind. Ich erinnere hier nur an die bekannten Versuche in der Renaissancezeit, von denen heute noch die Flüstergrotten und Flüstergalerien Zeugnis geben. Man war dortmals dem akustischen Problem in großen Sälen tatsächlich experimentell schon viel näher gekommen als wir ihm heute stehen, trotzdem Helmholtz in seiner klassischen „Lehre von den Ton-Empfindungen" bereits vor 50 Jahren eine Systematik der Akustik geschaffen hat, die in der Optik erst heute durch Professor Ostwald ganz allmählich aufgebaut wird. Bei der Beurteilung eines Kraftverstärkers spielen aber solche akustischen Fragen schon eine ganz erhebliche Rolle, denn man muß stets die Leistung des Verstärkers und die Leistung des Lautsprechers gegeneinander abmessen, wenn ein richtiges Urteil abgegeben werden soll. Viele Leute glauben, daß z. B. der Lautsprechertrichter nur eine untergeordnete Rolle in der Gesamtanordnung spielt. Das ist aber nicht der Fall, denn sonst hätte es ja nie Megaphone gegeben. Das Megaphon stellt bekanntlich nichts anderes dar, als ein Horn, das den Schall richtet und vor Zerstreuung bewahrt. Je länger und größer das Horn, desto weiter trägt die menschliche Sprache. Genau so ist ein großer Lautsprecher ohne einen großen Trichter undenkbar, denn die Zerstreuung des Schalls würde einen unwirtschaftlich hohen Energieaufwand an der Schallquelle bedingen. Ausgedehnte Schalltrichter sind dabei fast vollkommen frei von störenden Eigenschwingungen, weil die wirklich vorhandenen, infolge der Materialmasse, so tief liegen, daß sie den musikalischen Gesamteindruck nicht beeinflussen können. Man wird hier unbedingt dieselben Wege gehen müssen, die bei der Flugabwehr durch Schallbeobachtung und die Schallmeßtrupps erprobt worden sind.

14. Die Zwischenfrequenzverstärker.

Wir haben bereits im vorigen Kapitel die Schwierigkeiten gestreift, die bei der Hintereinanderschaltung von mehrstufigen Verstärkern auftreten. Es gelingt nie mit vernünftigem Erfolg, drei Dreifachverstärker oder auch nur zwei Zweifachverstärker gewöhnlicher Bauart für Konzertempfang hintereinander zu schalten. Ohne weiteres kann man dagegen einen Hoch- und einen Niederfrequenzverstärker sowie einen Kraftverstärker in Hintereinanderschaltung benutzen. Häufig genügt jedoch die dadurch bedingte erzielbare Verstärkung noch nicht, weil die Anfangsenergie zu schwach ist. Wie wir bereits im vorigen Kapitel betonten, kommt es immer darauf an, daß der Kraftverstärker erst dann einsetzt, wenn der Niederfrequenzverstärker gewöhnlicher Bauart keine weitere Verstärkung mehr erzielen läßt, d. h. also, in unserem Fall, da, wo die letzte Lampe des Niederfrequenzverstärkers durchgesteuert ist. Nun kann man aber nicht immer durch Hoch- oder Niederfrequenzverstärkung so weit kommen, daß die letzte Niederfrequenzlampe durchgesteuert wird. Denken wir z. B. an Musikempfang mit Rahmen aus Amerika! Die Anfangsfeldstärke beträgt normal hier einmal 10^{-12} Volt pro Meter. Mit einem Vierfach-Hochfrequenzverstärker und Dreifach-Niederfrequenzverstärker ist die Musik eben so laut, daß man mit den Kopfhörern zwischen den Statik-Geräuschen einzelne Takte verstehen kann. Diese Leistung in der siebenten Röhre genügt natürlich noch nicht, um den Betrieb eines Kraftverstärkers zu rechtfertigen. Andererseits können wir jedoch mit der gewöhnlichen Niederfrequenzverstärkung auch nicht mehr weiterkommen, weil die Geräusche schon zu groß sind. Hier wird man den Zwischenfrequenzverstärker verwenden müssen oder, wie Armstrong sagt, den Super-Heterodyne-Empfänger z. B. der zweiten Harmonischen. Der Vorgang ist dabei folgender:

Zunächst wird die einfallende Hochfrequenz so weit verstärkt wie möglich, sagen wir vierstufig auf den 10000fachen Betrag. Hierauf wird diese Hochfrequenz durch Überlagerung einer zweiten Hochfrequenz, die mit einem einfachen Hilfssender erzeugt wird, in eine Zwischenfrequenz verwandelt, die wesentlich abweicht von der Telephoniefrequenz. Nehmen wir z. B. an, es sollte die Welle 300 m empfangen werden, die einer Frequenz von einer Million entspricht. Dann wird der erste Hochfrequenzverstärker auf eine Frequenz von einer Million abgestimmt. Nachdem die, hier auf den 10000fachen Betrag verstärkte, Hochfrequenz die letzte Röhre passiert hat, durchläuft sie einen auf die Frequenz von beispielsweise 50000 (Welle 6000 m) abgestimmten Kreis, der mit einem zweiten Kreis außerordentlich lose gekoppelt ist. Da die beiden Kreise in Resonanz liegen, kann die Kopplung extrem lose gemacht werden (die Spulen sollen fast $^1/_2$ m voneinander entfernt stehen). Der zweite Hochfrequenzverstärker verstärkt nun nicht mehr Welle 300, sondern Welle 6000. Damit aber Frequenzverwandlung erfolgt, wird der Überlagerer auf die Frequenz 950000 eingestellt. Die Kopplung des Hilfssenders zum Gittereingangskreis des zweiten Verstärkers muß so lose sein, daß die beiden Energien ungefähr gleich groß sind. Sobald gering überkoppelt ist, funktioniert die Anordnung nicht mehr. Es genügt vollkommen, wenn der Hilfssender ohne Verbindung mit der Apparatur in der Nähe derselben aufgestellt wird. Unsere Hochfrequenz von 50000 Perioden durchläuft nun den Drosselverstärker und wird hinter demselben einem Detektor zugeführt, der die Niederfrequenz heraussiebt. Hierauf kann man niederfrequent weiter verstärken und erhält dadurch eine rund 5000fache Verstärkung im ersten Verstärker und eine 3000fache im zweiten, also 15-Millionen-fache Verstärkung, die durch die dreistufige Niederfrequenz noch 1000mal verstärkt wird, so daß also eine 15-Milliarden-fache Verstärkung theoretisch erreicht wäre. Rechnen wir nun mit $33^1/_3$ % Verlusten, so wäre eine praktische Verstärkung vom 10^{10}fachen erreicht, d. h. wenn die Eingangsenergie einmal 10^{15} Volt pro Antennenmeter oder, bei 10 m Antenne, einmal 10^{-14} Volt beträgt, so würde die Ausgangsenergie bereits den Betrag von rund 1 Milli-Volt ausmachen. Praktisch wird man jedoch so geringe Anfangsenergien nicht verstärken können, da bereits der Ruhestrom in der Vertikalantenne in der Größenordnung des 1000fachen der angegebenen Eingangsenergie liegt, folglich ein Empfang auch mit dieser horrenden Verstärkung nicht möglich wäre. Man rechnet im allgemeinen für den Ultra-Super-Heterodyneempfänger der zweiten Harmonischen mit Zwischenfrequenzverstärker eine Empfindlichkeit von einmal 10^{-10} Volt pro Antennenmeter. Trotzdem wird man häufig die Erfahrung machen, daß auch bei dieser Eingangsenergie der Apparat keine Musik wiedergibt. Dies ist immer dann der Fall, wenn die Statik der Luft so groß ist, daß der Empfang vollkommen davon überdeckt ist. Um diese Verhältnisse genauer überblicken zu können, werden wir uns im letzten Kapitel mit den Grenzen des Fernempfangs zu beschäftigen haben.

15. Reflexempfänger.

Die Entwicklung der drahtlosen Telephonieempfänger in Deutschland hat gezeigt, daß das wesentlichste Moment für den Verbraucher die Höhe der Anschaffungs- und Betriebskosten des Apparates ist. Insbesondere ist à conto der Betriebskosten der Röhrenverbrauch einzusetzen. Es ist ein wesentlicher Unterschied, ob man einen Vierröhren- oder Zweiröhrenempfänger betreibt. Da man im allgemeinen bei guten Röhren eine Brenndauer von 1000 Stunden voraussetzen muß, andererseits jedoch häufig, besonders durch Unvorsichtigkeit beim Anschließen der Anodenbatterie, durch Stoß und Schlag, Röhren durchbrennen, ist gerade die Zahl der Röhren für die Billigkeit des Betriebes ausschlaggebend. Andererseits sind selbstverständlich auch die Anschaffungskosten eines Vierröhrenapparates bedeutend höher als die eines Apparates mit Sparschaltung. Aus diesem Grunde sind Fünf- und Mehrlampenapparate in Deutschland nur in ganz beschränktem Umfange zu verkaufen, während Ein- und Zweiröhrenempfänger in großer Menge im Laufe der Entwicklung Eingang finden werden. Der Kunde glaubt im allgemeinen, wenn er einen Fünfröhrenempfänger kauft, eine bedeutend erhöhte Reichweite gegenüber zwei, drei und vier Röhren zu erzielen. Dies ist jedoch nur unter ganz bestimmten Voraussetzungen, die technisch für den Laien nicht ohne weiteres erkennbar sind, der Fall. Ein Vierröhren-Hochfrequenzverstärker wird im allgemeinen eine ganz bedeutend geringere Reichweite haben als der normale Einlampenapparat mit zweifachem Niederfrequenzverstärker. Dies hängt damit zusammen, daß der Vierröhren-Hochfrequenzverstärker zu dem Zwecke gebaut ist, kleinste Anfangsenergien nutzbar zu machen, z. B. Rahmenempfang aus bestimmten Entfernungen zu ermöglichen, während der einfache Dreiröhrenempfänger gewöhnlich für Antennenempfang eingerichtet ist und mit Rahmen nur in sehr beschränkten Fällen günstig arbeitet.

Die Ausnutzung der Röhren ist bei allen bisherigen deutschen Apparaten nur eine einfache gewesen: entweder arbeiteten die Röhren als Hochfrequenzverstärker mit oder ohne Rückkopplung, oder als Generatoren, Audione oder Niederfrequenzverstärker. Genau so aber, wie man in der Fernsprechtechnik heute üerall den sogenannten Simultanbetrieb eingerichtet hat, d. h. auf einer Doppelleitung gleichzeitig mehrfach telephoniert und telegraphiert, kann man der Röhre im Radioempfänger zwei, sogar drei verschiedene Funktionen durch entsprechende Schaltmaßnahmen zuteilen, d. h.: Ein einfach geschalteter Fünfröhrenempfänger ist nicht lauter und gewährleistet keine größere Reichweite als ein Dreiröhrenempfänger, bei dem eine, zwei oder drei Röhren doppelt oder gar dreifach ausgenutzt sind. Es ist zu verwundern, daß auf dem deutschen Markt erst von wenigen Firmen solche Empfänger angeboten werden. Denn gerade für unser Publikum spielt die Höhe der Anschaffungskosten und der Betriebserfordernisse eine ausschlaggebende Rolle. Man denke nur daran, daß man bei dem Fünfröhrenempfänger einen bedeutend größeren Akkumulator braucht als bei einem Dreiröhrenempfänger und einen höheren Röhrenverschleiß einsetzen muß, ganz abgesehen davon, daß die Anschaffungskosten des Fünfröhrenempfängers erheblich höher sind als die des Dreiröhrenempfängers. Ich habe sowohl einen Zweiröhrenempfänger mit Simultanschaltung, Preis zirka 125 M., als auch einen Dreiröhrenempfänger geprüft und festgestellt, daß durch die Simultanschaltung tatsächlich dieselbe Arbeit geleistet wird wie beim Vier- resp. Fünfröhrenempfänger. Ganz abgesehen davon sind auch die Eigen- und Fremdgeräusche bei der Simultanschaltung bedeutend geringer als sonst, wenn eine größere Anzahl von Lampen benutzt wird.

Es ist interessant, das Wesen dieser Doppelschaltungen kennenzulernen, damit man sofort an den äußeren Merkmalen des Appartes erkennen kann, ob man einen einfachen Empfänger oder einen Simultanempfänger vor sich hat.

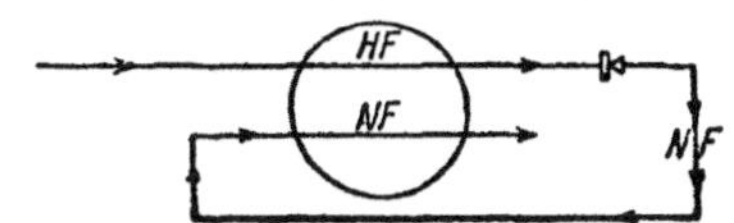

Abb. 24. Stromlauf im Einrohrreflexempfänger.

Es gibt dreierlei Methoden, die mehrfache Ausnutzung der Röhren zu erzielen: 1. die Reflexschaltung, 2. die Duplexschaltung, 3. die Duo-Reflexschaltung.

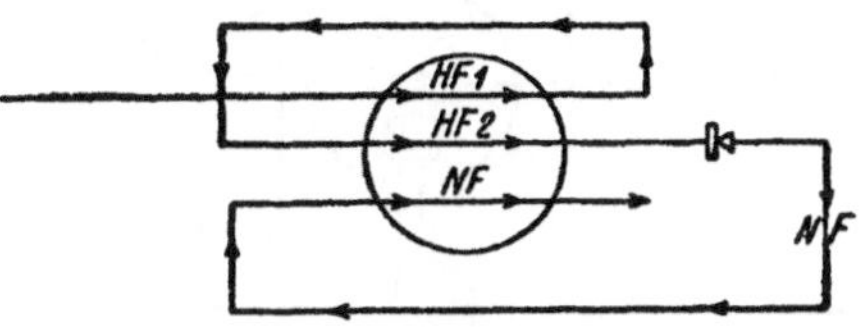

Abb. 25. Stromlauf im Einrohrultrareflexempfänger.

Wir betrachten zunächst die einfache Reflexschaltung des Einlampenapparates, wie sie aus nachfolgendem Bild hervorgeht: Ein Primär- oder Sekundärempfängerkreis arbeitet normal auf das Gitter mit oder ohne Rückkopplung. Wir sehen, daß die Energie nicht direkt aus dem Anodenkreis dem Telephon zugeführt wird, sondern in diesem Kreis noch ein zweiter Hochfrequenzübertrager liegt, dessen Sekundärseite einen gewöhnlichen Kristalldetektor speist. Ich möchte hier gleich einschalten, daß zu diesem Zweck nicht alle Detektoren geeignet sind, vielfach ein gewöhnlicher Lampendetektor mit nur zwei Elektroden benutzt wird oder ein festeingestellter Steindetektor Verwendung finden kann. In einfachster Weise läßt sich nun, mit oder ohne Transformator, die durch den Detektor erzeugte Niederfrequenz wieder

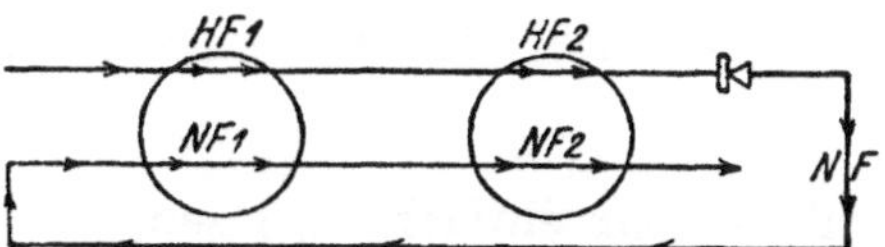

Abb. 26. Stromlauf im Zweirohrreflexempfänger.

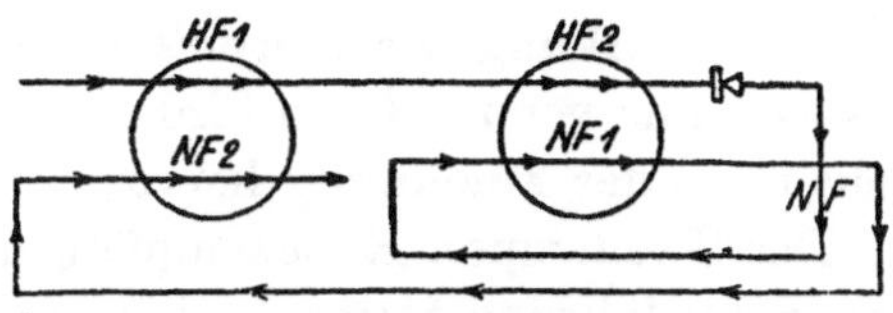

Abb. 27. Stromlauf im Zweirohrduplexempfänger.

auf den Gitterkreis der Röhre zurückführen. Dadurch entsteht in demselben eine Überlagerung der Niederfrequenz über die Hochfrequenz und die Röhre verstärkt in üblicher Weise nach den bekannten Gesetzen der Niederfrequenzverstärkung die überlagerten Schwingungen ebenfalls. Wichtig ist bei der Konstruktion dieser Apparate natürlich, daß die Hoch- und Niederfrequenzwege durch Kondensatoren und Selbstinduktionen sauber voneinander getrennt werden, damit tatsächlich die Reflexwirkung entsteht und nicht Teile der Hochfrequenz durch Kriechwege zur Niederfrequenz fließen.

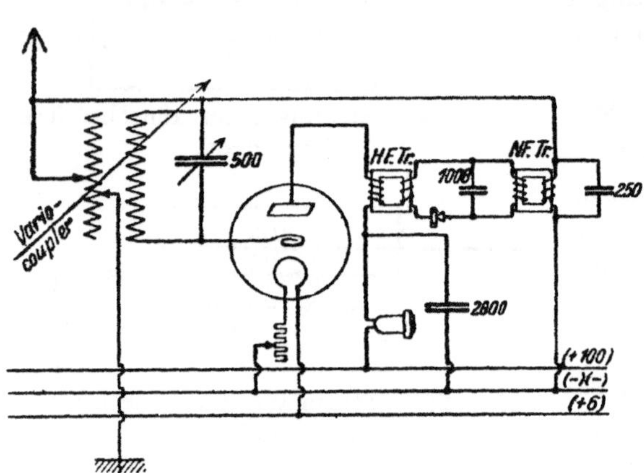

Abb. 28. Einrohrreflexkreis Erla.

Dieses Problem ist jedoch konstruktiv sehr einfach zu lösen, so daß es nicht verständlich ist, warum man sich bisher die Reflexschaltung so wenig zunutze gemacht hat. Allerdings weiß ich aus eigener Erfahrung, daß die einzelnen Teile sehr genau dimensioniert sein müssen, wenn die Reflexwirkung wirklich entstehen soll. Die Konstruktionsdaten des von mir verwendeten Einlampenaudions mit Reflexschaltung gehen aus der Zeichnung hervor.

Der Zweilampen-Reflexempfänger kann ebenfalls in verschiedenen Ausführungsformen gebaut werden. Die Zeichnung bringt einen normalen Reflexempfänger. Ich habe mit diesem Empfänger Versuche gemacht und festgestellt, daß er tatsächlich dieselbe Lautstärke ergibt wie eine gewöhnliche Vierröhrenkombination, wo die erste Röhre als sogenannte Vorröhre und die zweite als Schwingungsaudion ausgebildet ist, während die letzten beiden einen Normal-Niederfrequenzverstärker darstellen. Der Zweiröhrenapparat tut also dieselbe Arbeit wie der Vierröhrenempfänger. Die Bedienung dieses Empfängers ist natürlich wesentlich einfacher als die eines Vierröhrenapparates. Die Neigung zu wilden Rückkopplungen und damit die wesentlichste Ursache vieler Eigenstörungen ist hier in einfachster Weise zu unterdrücken. Die Leistungsfähigkeit des Apparates habe ich seinerzeit im „Berliner Lokal-Anzeiger“ beschrieben. Es gelang mir, noch im April mit einer guten Zimmerantenne im vierten Stock in Steglitz die englischen Sendungen so klar zu hören, daß ich sogar eine Wette gewann, die dahin zielte, daß das Konzert, das eingestellt war, nicht von London, sondern von Berlin stamme. Im Sommer kann man natürlich solche Reichweite mit dem Apparat nicht erzielen, dagegen dürfte eine Normalreichweite

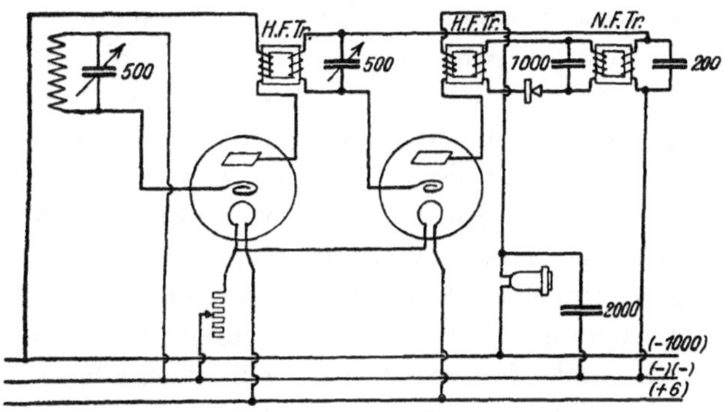

Abb. 29. Zweirohrnormalreflexkreis.

von 500 km, auf eine kleine Hochantenne bezogen, überall zutreffen. Dies bedeutet aber, daß bei günstigen Übertragungsbedingungen mindestens die dreifache Reichweite erzielt werden kann. Dabei ist die Bedienung eines solchen Gerätes noch dadurch vereinfacht, daß beide Kreise gegeneinander vollkommen entkoppelt sind und infolgedessen in der Fabrik sehr genau geeicht werden können, so daß auf der Doppelskala sowohl die Wellenlängen als auch die Namen der Sendestationen eingeschrieben werden können. Dies ist für das Suchen der Fernsender von außerordentlichem Vorteil. Das Wesen solcher entkoppelten Systeme ist das, daß auf einer drehbaren Skala die Abweichung, die durch den Einfluß der mit einem Kreis gekoppelten Antenne gegeben ist, gegenüber der Normaleichung an einer bekannten Station festgelegt werden kann, wodurch sämtliche anderen Stationen, die auf der Skala verzeichnet sind, wieder nach der Eichung stimmen.

Der Zweilampen-Reflexempfänger könnte natürlich auch so gebaut werden, daß zweimal reflektiert wird, indem beide Lampen sowohl Hochfrequenz als auch Niederfrequenz führen. Dieses System hat sich jedoch nicht so bewährt wie das andere, da die Bedienung in diesem Falle wesentlich schwieriger wird und der erzielte Gewinn an Lautstärke nicht den für die zweifache Reflektierung notwendigen Konstruktionsmitteln und dem dadurch bedingten höheren Preis entspricht. Außerdem ist ja die Reichweite für die deutschen Verhältnisse absolut genügend, denn man muß bei jedem Empfänger, den man kaufen oder bauen will, überlegen, ob die Bedienung so einfach ist, daß tatsächlich die höchste Leistungsfähigkeit des Apparates durch richtige Einstellung unter allen Umständen gewährleistet ist. Je schwieriger die Einstellung, um so weniger Garantie hat man, daß der Laie den Apparat immer so bedient, daß er tatsächlich das leistet, was er bei richtiger Einstellung leisten könnte. Auch dieser Konstruktionsgrundsatz wird heute in Deutschland noch viel zu wenig beachtet. Viele Leute schimpfen ganz ungerechtfertigt über die geringe Leistung ihres Empfängers, wobei die Ursache des Mißerfolges nur die ist, daß sie den Fernsender nicht finden können, weil er sehr leise ist und sie die höchste Empfindlichkeit des Apparates, die von den verschiedensten Faktoren abhängt, nicht einstellen können.

Der Dreilampen-Reflexempfänger arbeitet nach demselben System. Die Hochfrequenzenergie durchläuft Lampe 1, 2 und 3. Hinter der dritten Lampe liegt der Detektor, der die Hochfrequenzschwingungen in niederfrequente verwandelt. Diese Niederfrequenzschwingungen werden nun auf den Gitterkreis der ersten Röhre übertragen und durch dieselbe verstärkt über einen Niederfrequenztransformator dem Gitterkreis der zweiten Röhre zugeführt, wo sie nochmals verstärkt werden, um dann das Telephon zu erregen. Ein solcher Apparat leistet die Arbeit eines Fünfröhrenempfängers. Man kann natürlich auch hier die verschiedensten Konstruktionsformen ausdenken, z. B. auf den Kristalldetektor verzichten und statt dessen eine gewöhnliche Lampe als Audion schalten. Man könnte auch eine Rückkopplung einführen, um so die Dämpfung der Kreise zu vermindern. Empfehlenswert ist diese Methode jedoch keinesfalls, da man bei der

Konstruktion sehr bald merken wird, daß dadurch Verzerrungen hervorgerufen werden. Außerdem ist die Rückkopplung gerade für den Konzertempfang nicht im entferntesten von der Bedeutung, wie viele Leute heute noch glauben. Viel eher würde es sich empfehlen, nach Art der Superregenerativschaltung einen eigenen kleinen Überlagerer zum Suchen des Fernsenders in geeigneter Weise mit dem Empfänger zu koppeln.

Vier- und Mehrlampen-Reflexempfänger kommen für Deutschland zunächst nicht in Frage, da sie in der Herstellung zu teuer würden.

Um das Wesen der Reflexschaltung kurz zusammenzufassen, wiederholen wir: Die Hochfrequenzschwingungen passieren abgestimmte Schwingungskreise, die durch Elektronenröhren miteinander verbunden sind. Hinter der letzten Röhre werden sie in Niederfrequenzschwingungen verwandelt und auf die vorhergehenden Röhren in derselben Wegrichtung zurückgeleitet und wieder verstärkt. Unsere Abb. 24—27 zeigen diese Vorgänge schematisch.

Eine einfache Überlegung zeigt: die erste Röhre ist durch Hochfrequenz am wenigsten belastet, während die zweite und dritte Röhre bereits die 10- bzw. 100fache Belastung erhält. Wird nun die Niederfrequenz vom Detektor auf die erste Röhre zurück übertragen, so ist diese ziemlich voll belastet. Passiert sie jetzt die zweite Röhre resp. noch die dritte, so könnte sehr leicht der Fall eintreten, daß durch die schon vorhandene Hochfrequenzbelastung der zweiten und dritten Stufe die Doppelbelastung durch zusätzliche Niederfrequenz so groß würde, daß die Röhren übersteuert werden. Dadurch müssen aber Verzerrungen durch Gleichrichtung entstehen, die darauf beruhen, daß die Wechselstromamplituden des Anodenkreises über den geradlinigen Teil der Charakteristik hinausgehen und dadurch Veränderungen erleiden.

Diese Gefahr wird durch die Duplexschaltung vermieden. Das theoretische Stromlaufbild zeigt uns, daß die Hochfrequenz wieder die ersten Röhren passiert und nach der Gleichrichtung die Niederfrequenz zunächst in die zweite und dann in die erste Röhre zurückgeführt wird. Wenden wir unsere vorige Überlegung auf dieses System an, so finden wir, daß die Belastung gleichmäßiger verteilt ist: Röhre 1 hat eine Hochfrequenzbelastung x, Röhre 2 eine Hochfrequenz von $10\,x$ und Röhre 3 eine solche von $100\,x$.

Dieser Hochfrequenzbelastung wird nun eine zusätzliche Niederfrequenzbelastung superponiert, die dementsprechend bei der dritten Röhre y, bei der zweiten $10\,y$ und bei der ersten $100\,y$ beträgt. Die Gesamtsumme der Belastungen ist also in Röhre 1: $x + 100\,y$, in Röhre 2: $10\,x + 10\,y$, in Röhre 3: $100\,x + y$. Damit ist die vorerwähnte Gleichmäßigkeit erreicht, so daß man eigentlich sagen muß, die Duplexschaltung ist für Empfangszwecke besser als die Reflexschaltung. Hier kommt aber eine ganz erhebliche konstruktive Schwierigkeit, die bis heute noch nicht absolut überwunden ist. Wenn man von der dritten auf die zweite Röhre Niederfrequenz überträgt, ist es viel schwie-

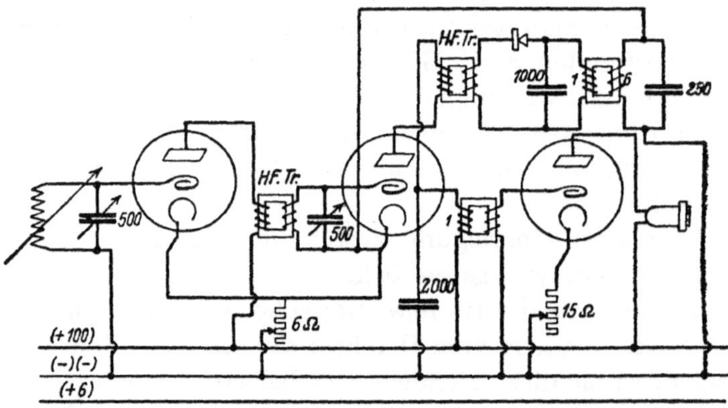

Abb. 30. Einrohrhochfrequenz-, Einfachreflex- und Niederfrequenzkreis.

riger, unbeabsichtigte Rückkopplungen zu vermeiden als beim Reflexsystem. Treten nun solche Rückwirkungen, die in der Leitungsführung bedingt sein können, auf, so muß man die einzelnen Stufen so stark dämpfen, daß entweder die Phase der Rückkopplung umgedreht wird, oder die Rückkopplung aus dem hörbaren in den unhörbaren Bereich verschoben wird. Beide Manipulationen bedingen jedoch eine wesentliche Verminderung des praktischen Effektes, d. h. der Lautstärke, so daß man schließlich dahin kommt, daß die erhöhte Wirkung durch gleichmäßigere Röhrenbelastung wieder durch dämpfungszusätzliche Mittel aufgehoben werden muß. Gerade diese Überlegung ist bei der Konstruktion der Simultanverstärker die wichtigste. Man darf nicht einfach einen Transformator, der pfeift, dadurch beruhigen, daß man parallel zur

Primär- oder Sekundärwicklung einen Kondensator schaltet. Erstens wird dadurch die Resonanzlage des Transformators verschoben, zweitens die Eigenkapazität der Wicklung durch eine zusätzliche vergrößert und damit sozusagen derselbe Effekt erzielt, als wenn man einen Teil der Windungen kurz schließen würde, d. h. Verminderung der Leistungsfähigkeit des Konstruktionselementes.

Die dritte Methode der mehrfachen Ausnutzung der Lampen ist das sogenannte Duo-Reflexsystem, das darauf beruht, daß in der zweiten Lampe des Apparates sowohl Hochfrequenz- als auch Niederfrequenzschwingungen enthalten sind. Es wird also nur in einer einzigen Lampe Reflexion angewandt.

16. Die Grenzen des Fernempfanges.

Wenn man einen Meterstab teilt und die eine Hälfte nochmals zerschneidet, das verbleibende Viertel wieder in zwei Hälften zerlegt und so fortfährt, wird man zuletzt immer noch ein kleinstes Stück übrig behalten. Genau so verschwinden die vom Rundfunksender kommenden elektromagnetischen Wellen bei ihrer Reise über die Erde niemals ganz. Es ist zu verstehen, daß viele Funkfreunde glauben, man müßte an einem beliebigen Ort einen Fernkonzertsender hören können, wenn man einen genügend empfindlichen Apparat mit höherer Verstärkung benutzt.

Die Technik hat in dem Superheterodyne-Empfänger einen Apparat geschaffen, der tatsächlich die höchste Empfindlichkeit besitzt, die man überhaupt erreichen kann. Wenn man nun eine genügend große Verstärkung anwendet, müßte man eigentlich der Meinung unseres Funkfreundes recht geben. Und doch ist es nicht so. Wir hören in einer guten Winternacht gegen gegen 3 Uhr morgens auf einmal ganz rein und klar die Klänge eines Orchesters, das in Neuyork einen Rundfunksender bespielt. In der nächsten Nacht vergessen wir unsern Schlaf, um noch mal Amerika zu hören. Kurz nach Mitternacht hören wir im Telephon Knacken, Rauschen und Brodeln, aber keine Spur von Musik. Je mehr wir verstärken, desto lauter werden die Geräusche. Nach stundenlangem Arbeiten hören wir schließlich, wie zwischen Scylla und Charybdis einige Fetzen Musik, die gleich wieder in dem wilden Geräusch untertauchen. Wenn wir denselben Versuch im Hochsommer wiederholen würden, gelänge es uns überhaupt nicht, den fernen Klang zu erhaschen.

Warum kann man mit einem beliebig empfindlichen Empfänger nicht jede Entfernung überbrücken? Die Antwort ist einfach und heißt „Statik“. Wir wollen diesen sehr bildlichen Ausdruck hier benutzen und damit das Maß der Luftstörungen in unserem Empfänger, die vom Wetter und elektrischen Vorgängen in der Atmosphäre abhängen, bezeichnen. In der ersten Nacht konnten wir Neuyork empfangen, weil die statische Linie

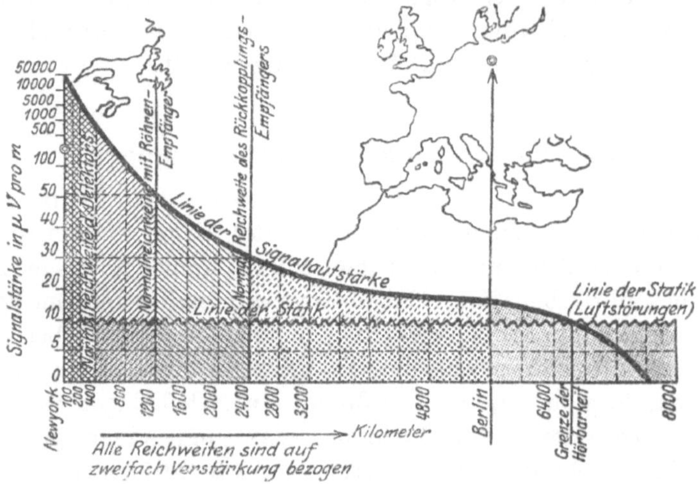

Abb. 31. Fernempfang in einer guten Winternacht. Die Linien der Statik und Signallautstärke schneiden sich östlich Berlins: Guter Amerikaempfang.

sehr tief lag und unsere Wellen bei ihrer Wanderung über den Ozean sehr wenig Widerstände zu überwinden hatten. In der zweiten Nacht ist die statische Linie so hoch gestiegen, daß wir in Berlin eine größere Lautstärke der statischen Störungen erreichten, als die Signale des Fernsenders in unserem Empfänger erzeugten. In einer Sommernacht können wir niemals Neuyork empfangen, weil die drahtlosen Musikwellen schon weit westlich von Berlin in der Statik untergetaucht sind. Mit keinem Empfänger der Welt kann man einen Fernmusiksender hören, wenn seine Signale von den Luftstörungen übertönt werden. Wenn wir ein Unterseeboot bei ruhiger See untertauchen sehen, können wir dasselbe auch mit dem besten Fernrohr nicht mehr

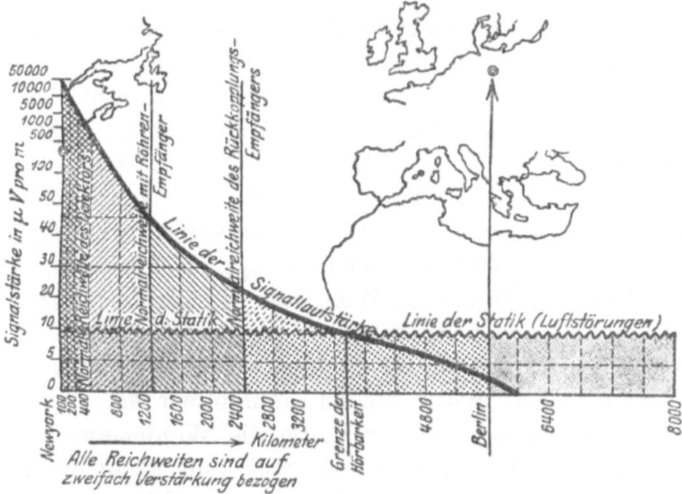

Abb. 32. Empfang in einer guten Winternacht. Trotzdem die Linie der Statik gegenüber Abb. 31 nicht verändert wurde, ist Amerikaempfang in Berlin nicht möglich, da aus irgendeinem Grunde die Linie der Signallautstärke rascher abfällt als normal und westlich Berlins die Linie der Statik schneidet.

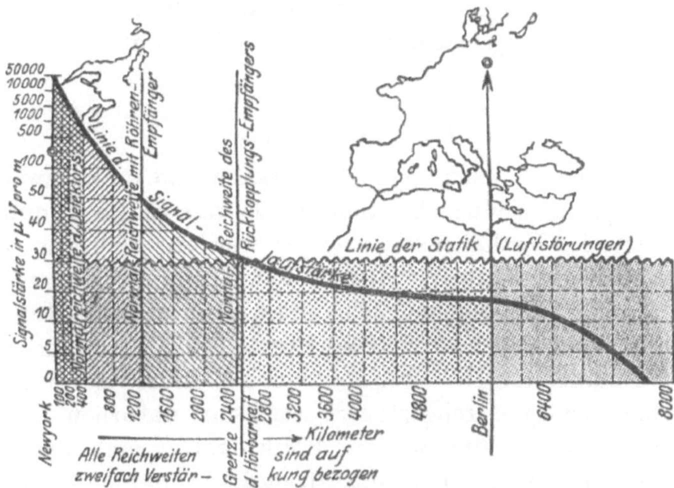

Abb. 33. Empfang im Sommer: Die Signalstärkelinie verläuft wie in Abb. 31, trotzdem ist kein Amerikaempfang möglich, da die statischen Lärme zu groß geworden sind.

entdecken, wenn es vollkommen unter die Wasseroberfläche getaucht ist. Genau so tauchen unsere Signale an einem bestimmten Punkte in weiter Entfernung vom Sender unter die Linie der Statik und können dann nie wieder gehört werden.

Ein anderer Fall, bei dem die Schuld häufig auf den Empfänger geschoben wird, ist der der Wellenlöcher. Wir wissen aus der Flugtechnik, daß es Luftlöcher gibt und aus den bisherigen Erfahrungen in Deutschland, daß es auch solche abgeschatteten Radiogegenden gibt, wo nur sehr schwer empfangen werden kann. Ich weiß aus meiner eigenen Praxis, daß man z. B. im siebenten Bezirk in Wien fast gar nichts hören kann. Auch in der Niederlausitz gibt es einige solcher toten Punkte für die drahtlosen Wellen. Wenn wir uns bei einem starken Wind hinter einen großen Baum stellen, spüren wir von dem Wind fast gar nichts mehr, weil der Baum die Windenergie abfängt. Genau so kann z. B. ein hohes Gebäude mit Stahlgerüsten die drahtlose Energie abfangen, so daß wir im Schatten desselben sehr schlecht oder fast gar nicht empfangen können. Interessant ist dabei die Beobachtung, daß von manchen elektrischen Schatten nur die kurzen Wellen und von manchen nur die langen Wellen gestört werden. Dies kommt daher, daß große Stahlgebäude auch von Natur aus in einer bestimmten Wellenlänge schwingen können, deren Energie sie dann in hohem Maße absorbieren.

17. Schlußwort.

Der Bau von Niederfrequenzverstärkern und die Auswahl der einzelnen Typen für einen bestimmten Gebrauchszweck muß nach den vorliegenden Verhältnissen erwogen werden. Mehrstufige Verstärker in Hintereinanderschaltung sollen immer da verwendet werden, wo ihre Leistung wirklich voll ausgenutzt wird. Ein Empfänger mit Zweifachverstärker und Zweifach-Kraftverstärker, der bei einer einfallenden Hochfrequenz von 1 Millivolt pro Antennenmeter eben richtig durchgesteuert ist, kann natürlich bei einer einfallenden Hochfrequenz von 1 Mikrovolt nicht ausgenützt werden, d. h. mit demselben Apparatsatz kann man nicht bei einer Hochantenne wie bei einem Rahmen die gleichen Erfolge erzielen. Ebensowenig kann man den Lokalsender genau so laut empfangen wie den fernen Sender, denn die einfallende Hochfrequenz bedingt ja die Leistung, die an das Gitter der ersten Niederfrequenzröhre und damit an das Gitter der Kraftverstärkerröhre gelangt. Man muß also für die bestimmten Verhältnisse die Apparate dahin differenzieren, daß man folgendermaßen vorgeht:

Hat man herausgefunden, daß die größte Lautstärke erzielt wird mit einem Apparatsatz, der aus Rahmen, Zweifach-Hochfrequenzverstärker, Zweifach-Niederfrequenzverstärker und Zweifach-Kraftverstärker für die Aufnahme der lokalen Sender besteht, so wäre es grundfalsch, wie leider die meisten Leute denken, für den Fernempfang hinter den Zweifach-Kraftverstärker beispielsweise einen widerstandsgekoppelten Kraftverstärker zu schalten. Warum? Weil die einfallende Hochfrequenz in diesem zweiten Falle vielleicht 100000 mal so schwach ist als im ersten. Was nützt also der große Kraftverstärker hinter dem schon vorhandenen, wenn bereits der erste Kraftverstärker nicht durchgesteuert wird! Der kluge Radio-Amateur wird in diesem Fall zwei Lampen vor den ersten Hochfrequenzverstärker schalten, um hochfrequent weiter zu verstärken, denn man muß so rechnen:

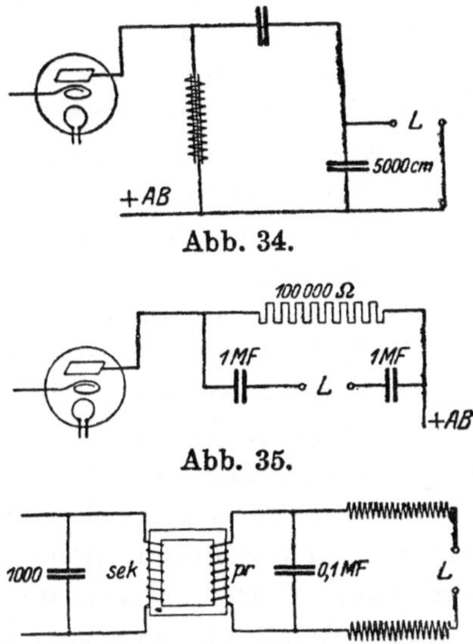

Abb. 34.

Abb. 35.

Abb. 36.

Um den Lautsprecher vom Anodengleichstrom abzutrennen oder lange Verbindungsleitungen zu ermöglichen, leitet man den Anodengleichstrom über eine Drossel (34) oder einen induktionsfreien Widerstand (35) oder trennt den Verbraucher vollkommen durch einen Abwärtstransformator ab, dessen Sekundärseite der Röhre und Primärwicklung dem Lautsprecher angepaßt werden.

Ich brauche für die erste Niederfrequenzröhre eine Spannungsschwankung von beispielsweise $^1/_{10}$ Volt, wenn der Niederfrequenz-Apparatsatz (gewöhnlicher) und Kraftverstärker durchgesteuert sein sollen. Habe ich diese Energie nicht von vornherein zur Verfügung, was selbstverständlich ist, weil der Fernempfang viel schwächer ist als der Nahempfang, dann muß ich vernünftigerweise versuchen, auf hochfrequentem Wege so weit zu verstärken, daß ein Niederfrequenzverstärker wieder $^{1}/_{10}$ Volt Spannung für die erste Lampe bekommt, d. h.: Ist die einfallende Hochfrequenz 100 mal so schwach wie im ersten Fall, so wird man eben die Hochfrequenz 100 mal weiter verstärken und nicht ad infinitum Niederfrequenzverstärker hintereinanderschalten. Ich habe übrigens die Mißachtung dieses primitivsten Kraftgrundsatzes schon bei großen Firmen gefunden und nicht bloß bei Amateuren.

Wir gehen weiter. Nun will der Funkfreund noch kleinere Empfangsenergien aufnehmen, sagen wir einen transatlantischen Sender! Genau wie im ersten Fall darf er nicht versuchen, die Empfindlichkeitserhöhung dadurch herbeizuführen, daß er niederfrequent weiter verstärkt, sondern er muß auf hochfrequentem Wege versuchen, die genügende Eingangsspannung an den Niederfrequenzverstärker zu bringen. Nun hat er aber schon zur Erfüllung des ersten Wunsches seinem Zweifach-Hochfrequenzverstärker einen weiteren Zweifachverstärker zugesellt, so daß er also einen Vierfach-Hochfrequenzverstärker als ersten Apparat benutzt. Würde er noch zwei Lampen hochfrequent zuschalten, so müßte er die Erfahrung machen, daß der Empfang leiser statt lauter wird. Auf diese Weise kommt er nicht vorwärts. Er wird also zunächst einen kleinen Hilfssender bauen und dann einen Zwei- oder Mehrfach-Zwischenfrequenzverstärker hinter den einen Hochfrequenzverstärker und vor seinen Niederfrequenzverstärker schalten. Dann erzielt er tatsächlich das, was er will: der 1000 mal so weit entfernte fremde Sender ist genau so laut im Lautsprecher wie der eigene Sender am Ort. Begrenzt ist dieses Verfahren nur durch die im vorletzten Kapitel deutlich gezeichnete Grenze des Fernempfangs überhaupt.

Ein anderer Amateur hat sich einen Apparatsatz gekauft: zwei Lampen Hochfrequenz, eine Lampe Niederfrequenz und Zweifach-Kraftverstärker. Er hört damit den Lokalsender nicht so laut, wie er ihn gern hören möchte. Welches Aggregat ist zuzuschalten, um Erfolg zu haben? Ein weiterer Kraftverstärker, wäre bei vielen die zunächst liegende Antwort. Und doch ist sie falsch, denn er muß mit dem Zweifach-Kraftverstärker die Musik des Lokalsenders auf 300 m weit durch den Lautsprecher hören können. Da aber sein Kraftverstärker dies nicht leistet, beweist die Erscheinung, daß er nicht vollkommen durchgesteuert ist. Er wird also in diesem Falle eine weitere Lampe Niederfrequenz hinter die erste Lampe Niederfrequenz schalten und seinen Kraftverstärker ruhig so lassen wie er ist, und der Erfolg belohnt die Mühe.

Ein dritter Fall: Der Kraftverstärker genügt tatsächlich, trotzdem man sich überzeugt hat, daß er durchgesteuert ist, den gewünschten Lautstärken noch nicht. Hier wird man nun ohne weiteres den richtigen Weg darin sehen, daß man dem Kraftverstärker einen zweiten widerstandsgekoppelten Kraftverstärker zugesellt, der dann tatsächlich die Lautstärke ergibt, die man wünscht.

Ich möchte jedoch nicht verfehlen, zum Schluß alle Funkfreunde vor der „Schachtelarbeit“ zu warnen, denn niemals kann ein Einheitsgerät, das zur Erhöhung der Verstärkung einfach in mehreren Exemplaren hintereinander geschaltet ist, das leisten, was ein zweckentsprechender, von vornherein für die richtige Stufenzahl dimensionierter Verstärker leistet. Gilt dies nicht so sehr für die Nieder- als insbesondere für die Hochfrequenzverstärker, so ist trotzdem auch bei Niederfrequenzverstärkern die Zusammenschaltung von sogen. Einheitsgeräten mit außerordentlich viel Nachteilen verknüpft, so daß man lieber von vornherein überlegen sollte, was will ich erreichen, welche Verstärkerstufen und wieviele sind hierzu notwendig und wie kombiniere ich zwischen Niederfrequenz und Kraftverstärker am besten beim geringsten Aufwand an Röhren, um den beabsichtigten Effekt sicher zu erzielen? Notabene ist bei dieser Energiekalkulation in Betracht zu ziehen, daß die Lautstärke der fernen Sender nur durch die atmosphärischen Bedingungen bereits im Betrage von 1 zu 100 zur verschiedenen Tages- und Jahreszeit schwankt, d. h. also, die Energiebilanz muß so abgestimmt werden, daß mindestens zwei Lampen mehr eingesetzt werden, damit man nicht im Sommer dasitzt und die gewünschte Entfernung deswegen nicht erreicht, weil die Energie der fernen Sendewellen bereits vor dem Eintreffen am Empfangsort unter die Linie der Statik gesunken oder so gering geworden ist durch die erhöhten Wellenwegwiderstände, daß die Verstärkung nicht mehr ausreicht und unser Kraftverstärker bloß halb durchgesteuert wird. Denn der Batterie- und Röhrenaufwand wäre in diesem Falle ja vollkommen nutzlos und man würde besser tun, statt des Kraftverstärkers nur mit dem Niederfrequenzverstärker allein den Lautsprecher zu betreiben, wenn man nicht von vornherein vorgesehen hat, sowohl in der Hochfrequenz als auch in der Niederfrequenz für schlechtes Radiowetter je eine Stufe zuzuschalten. Hat man aber seine Energiebilanz nach den in diesen Zeilen beschriebenen Grundsätzen gemacht, so wird man immer seine Freude am Radioempfang haben.

Die Technik ist nicht in Kinderschuhen, wie man heute in Deutschland glaubt. Die Empfangs- und Verstärkertechnik ist tatsächlich so weit, daß jedes fernste Signal dann gehört werden kann, wenn es überhaupt noch über der Linie der Statik liegt. Weiter können wir so lange nicht kommen als wir die Statik nicht überwunden haben. Die Probleme, die also jetzt für den Empfangstechniker brennend werden, liegen nicht mehr auf der Linie der Hoch-, Zwischen- und Niederfrequenz- oder Kraftverstärker, sondern auf der der Aussiebung der Statik, und an diesem Problem ist bisher auch der klügste Kopf gescheitert. Ich wünsche unsern Radioamateuren bei der Verfolgung desselben mehr Glück, als ich bisher darin gehabt habe.

Verlag von Julius Springer in Berlin W 9

Der Radio-Amateur „Broadcasting". Ein Lehr- und Hilfsbuch für die Radio-Amateure aller Länder. Von Dr. **Eugen Nesper.** Fünfte Auflage. Mit 377 Abbildungen. (390 S.) 1924.
Gebunden 8 Goldmark / Gebunden 1.95 Dollar

Radio-Schnelltelegraphie. Von Dr. **Eugen Nesper.** Mit 108 Abbildungen. (132 S.) 1922. 4.50 Goldmark / 1.10 Dollar

Handbuch der drahtlosen Telegraphie und Telephonie. Ein Lehr- und Nachschlagebuch der drahtlosen Nachrichtenübermittlung. Von Dr. **Eugen Nesper.** Zwei Bände. Zweite, neubearbeitete und ergänzte Auflage. In Vorbereitung.

Radiotelegraphisches Praktikum. Von Dr.-Ing. **H. Rein.** Dritte, umgearbeitete und vermehrte Auflage. (Berichtigter Neudruck.) Von Prof. Dr. **K. Wirtz,** Darmstadt. Mit 432 Textabbildungen und 7 Tafeln. (577 S.) 1922. Gebunden 20 Goldmark / Gebunden 4.80 Dollar

Elementares Handbuch über drahtlose Vakuum-Röhren. Von **John Scott-Taggart,** Mitglied des Physikalischen Institutes London. Ins Deutsche übersetzt nach der vierten, durchgesehenen englischen Auflage von Dipl.-Ing. Dr. Eugen Nesper und Dr. Siegmund Loewe. Mit 136 Abbildungen im Text. (Etwa 240 S.)
In Vorbereitung.

Radio-Technik für Amateure. Anleitungen und Anregungen für die Selbstherstellung von Radio-Empfangsapparaturen, ihren Einzelheiten und auch ihren Nebenapparaten. Von Dr. **Ernst Kadisch** (Dahlem). Mit 216 Textabbildungen. Erscheint Ende 1924.

Technisches Denken und Schaffen. Eine gemeinverständliche Einführung in die Technik. Von Prof. Dipl.-Ing. **G. v. Hanffstengel,** Charlottenburg. Dritte, durchgesehene Auflage. (9–16. Tausend.) Mit 153 Textabbildungen. (219 S.) 1922.
Gebunden 4 Goldmark / Gebunden 0,95 Dollar

Verlag von Julius Springer und M. Krayn in Berlin W 9

Der Radio-Amateur. Zeitschrift für Freunde der drahtlosen Telephonie und Telegraphie. Organ des Deutschen Radio-Clubs. Unter ständiger Mitarbeit von Dr. **Walter Burstyn**-Berlin, Dr. **Peter Lertes**-Frankfurt a. M., Dr. **Siegmund Loewe**-Berlin und Dr. **Georg Seibt**-Berlin u. a. m. Herausgegeben von Dr. **Eugen Nesper,** Berlin.

Bisher sind erschienen: I. Jahrgang (1923) Heft 1—5); II. Jahrgang (1924) Heft 1—27. Die Zeitschrift erscheint wöchentlich einmal im Umfange von je 20–24 Seiten. Jährlich 52 Hefte. Preis vierteljährlich für das In- und Ausland 4.80 Goldmark (1 GM. = 10/42 Dollar nordamerikanischer Währung) zuzüglich Versandspesen. Einzelheft 0,40 Goldmark zuzüglich Porto.

(Die Auslieferung erfolgt vom Verlag Julius Springer in Berlin W 9)